新时代新理念职业教育教材·智能制造系列
新型活页工作手册式融媒体教材
校企合作开发教材

数控编程及零件加工

（配实训工单）

主　编　金　星　魏秀琴
副主编　李　宇　丁　艳　丘柳滨　赖　毅

刮开涂层，使用微信扫码，即可获取本书配套教学资源。

注意：本书使用“一书一码”版权保护技术，该二维码仅可扫描并绑定一次。

北京交通大学出版社
·北京·

内容简介

本书以“学做结合”为切入点，以培养学习者职业能力为中心，以项目任务为主线，以工作过程为导向，基于“理虚实一体化”教学模式而开发。全书共有 6 个项目，包括数控机床的基本认知、轴类零件的内外轮廓车削加工、盘类零件外轮廓车削加工、轴类零件内外沟槽车削加工、螺纹车削加工、轴类零件的综合加工。本书配有课件、思政案例、视频教程等相关教学资源，内容丰富，方便教与学。

本书可以作为高等职业院校机械制造及自动化、机械设计与制造、数字化设计与制造技术等相关专业教材，也可以作为从事机械制造技术工人的岗位培训教材。

图书在版编目（CIP）数据

数控编程及零件加工：配实训工单 / 金星，魏秀琴主编. —北京：北京交通大学出版社，2024.3

ISBN 978-7-5121-5064-5

Ⅰ. ① 数… Ⅱ. ① 金… ② 魏… Ⅲ. ① 数控机床－程序设计－高等职业教育－教材 ② 数控机床－零部件－加工－高等职业教育－教材 Ⅳ. ① TG659

中国国家版本馆 CIP 数据核字（2023）第 147807 号

数控编程及零件加工

SHUKONG BIANCHENG JI LINGJIAN JIAGONG

责任编辑：严慧明

出版发行：北京交通大学出版社　　电话：010-51686414　　http://www.bjtup.com.cn

地　　址：北京市海淀区高梁桥斜街 44 号　　邮编：100044

印 刷 者：艺堂印刷（天津）有限公司

经　　销：全国新华书店

开　　本：185 mm×260 mm　　印张：13.5　　字数：304 千字

版 印 次：2024 年 3 月第 1 版　　2024 年 3 月第 1 次印刷

定　　价：39.00 元

本书如有质量问题，请向北京交通大学出版社质监组反映。对您的意见和批评，我们表示欢迎和感谢。

投诉电话：010-51686043，51686008；传真：010-62225406；E-mail：press@bjtu.edu.cn。

前　言

本书是根据《高等职业学校专业教学标准（试行）》，同时参考职业技能大赛、1+X证书职业资格标准编写的高职高专机械制造相关专业的数控车削技能实训教材。本书将机械制造工艺设计、公差配合、机械识图等基础知识融入到实训案例中，以实现专业基础知识的综合应用。

本书在内容设计上有以下特点：

（1）对标 1+X 证书和职业技能大赛。

（2）采取“校企双元”合作开发的方式。在本书的编写过程中，行业专家、技能大师、一线技术骨干全面参与了编审工作，力求确保教材的职业性和适用性。

（3）基于“理虚实一体化”教学模式而开发。本书在内容安排上依据由浅入深、从理论到虚拟仿真再到实践的模式，将理、虚、实有机结合，改变先集中学习指令再到实践应用的教学模式，遵循学习者的认知规律。

（4）采用活页式教材编写形式，配备教学课件、课程思政素材等资源，方便教与学。

（5）课程思政和职业素养有机结合。通过扩展阅读中的人物故事、先进技术等内容，将专业认同感、工匠精神、职业素养等思政元素融入教材。

（6）以培养学习者的职业能力为中心设计。以项目任务为主线，以工作过程为导向，采用常见加工零件为载体设计教学，教学内容强调基础性和实践性。

本书由金星、魏秀琴主编，由金星负责统稿。项目 1、项目 2（实训 2.1、2.3、2.6）、项目 3 及附录由金星编写；项目 2（实训 2.2、2.4、2.5）由李宇、丘柳滨编写；项目 4、实训 6.1 的编写及全书思政元素设计由魏秀琴负责完成；项目 5 由丁艳编写；实训 6.2 由赖毅编写。全书由广西汽车集团有限公司钟桂林负责主审。

本书在编写过程中查阅和参考了许多文献和教学科研成果，在此向原作者表示衷心的感谢。由于编者水平和经验有限，书中难免有错误和不足之处，敬请批评指正。

编　者

2023 年 10 月

教学课件　　　课程思政素材

目　　录

项目 1

数控机床的基本认知

数控机床的基本认知

- 数控机床的认识
- 数控机床手动、手轮及MDI操作
- 数控机床对刀操作

实训 1.1　数控机床的认识

实训目标

1. 知识目标

（1）了解数控技术的概念。

（2）了解数控机床的种类和组成。

（3）掌握数控机床的加工特点和加工范围。

（4）掌握数控程序的组成。

2. 技能目标

（1）会数控程序的输入。

（2）根据数控机床加工范围，会判断加工表面能否选用数控车削加工。

3. 素质目标

（1）通过课程背景介绍，激发学生的专业认同感和社会责任感。

（2）培养学生认真负责的工作态度、团队合作精神。

实训任务

认识数控机床种类、组成、加工范围、操作面板、数控程序组成。

实训主要仪器设备

1. 试验仪器

（1）试验台：FANUC 0i mate－TC 系统数控机床。

（2）实训工具：三爪自定心卡盘、卡盘扳手、刀架扳手、垫刀片。

2. 实训器材

装有斯沃数控仿真软件的计算机 1 台。

实训指导

1. 数控机床的基础知识

1）数控技术的定义

数控（numerical control，NC）技术是用数字信息对机械运动和工作过程进行控制的技术，它是集传统的机械制造技术、计算机技术、现代控制技术、传感检测技术、网络通信技术和光机电技术等于一体的现代制造业的基础技术，具有高精度、高效率、柔性自动化等特点，对制造业实现柔性自动化、集成化和智能化起着举足轻重的作用。数控机床（NC machine tool）是指应用数控技术对加工过程进行控制的机床，或者说装备了数控系统的机床。

数控编程（numerical control programming）就是生成用数控机床进行零件加工的数控程序的过程。

2）数控机床加工的过程

（1）零件的技术性和工艺性分析。

在制定零件工艺规程前，要了解零件的技术要求，找出其主要的技术关键。具体包括：零件的视图、尺寸、公差和技术条件等是否完整；技术要求是否合理，对于过高的精度要求、过小的表面粗糙度，机床是否能达到；零件的材料及热处理选择是否合理。

（2）制定零件的加工工艺。

首先对零件的加工阶段进行划分，确定零件加工工艺路线（基准先行、先面后孔、先主后次、先粗后精）；然后分析零件加工过程中的定位基准、夹具、工具、量具、刀具；最后选择合理的切削用量，分别是不同加工阶段的切削速度、进给速度、背吃刀量。

（3）相关参数的数值计算。

相关参数的数值计算主要针对手动编程，主要包括计算零件上各基点的坐标值，比如将零件图中的锥度计算转换为对应的坐标值；车螺纹前计算轴的实际直径值及不同螺距对应的推进背吃刀量下周的直径值等。

（4）编制零件的加工程序。

编制零件的加工程序的方法有 2 种：手工编程和自动编程。

手工编程适合于编写进行点位加工或几何形状不太复杂的零件的加工程序，以及程序坐标计算较为简单、程序段不多、程序编制易于实现的场合。

这种方法比较简单，容易掌握，适应性较强。手工编程方法是编制加工程序的基础，也是机床现场加工调试的主要方法，对机床操作人员来讲是必须掌握的基本功，其重要性是不容忽视的。

自动编程是指在计算机及相应的软件系统的支持下，自动生成数控加工程序的过程。它充分发挥了计算机快速运算和存储的功能。其特点是采用简单、习惯的语言对加工对象的几何形状、加工工艺、切削参数及辅助信息等内容按规则进行描述，再由计算机自动地进行数值计算、刀具中心运动轨迹计算、后置处理，产生出零件加工程序单，并且对加工过程进行模拟。

对于形状复杂，具有非圆曲线轮廓、三维曲面等零件编写加工程序，采用自动编程方法效率高，可靠性好。在编程过程中，编程人员可及时检查程序是否正确，需要时可及时修改。由于使用计算机代替编程人员完成了烦琐的数值计算工作，并省去了书写程序单等工作量，因而编程效率可提高几十倍乃至上百倍，解决了手工编程无法解决的许多复杂零件的编程难题。

这里主要介绍手工编程：首先确定零件的工件坐标系；然后计算各基点及工艺点的坐标；最后编写零件的加工程序。

（5）输入程序。

将编制好的程序输入到数控机床中，输入方式一般有 3 种：手动输入、CF 卡输入、通信数据线输入。

（6）检查及调试程序。

主要检查输入的程序段与之前编制好的程序是否一致。程序调试一般是指在数控系统中仿真刀具路径，判断其是否与编制程序的路径一致。

（7）加工零件。

通过对机床的正确操作，运行程序，完成零件的加工。

3）数控机床的分类

（1）按工艺用途分：普通数控机床、加工中心。

普通数控机床一般指在加工工艺过程中的一个工序上实现数字控制的自动化机床，如数控铣床、数控机床、数控钻床、数控磨床与数控齿轮加工机床等。普通数控机床在自动化程度上还不够完善，刀具的更换与零件的装夹仍需人工来完成。

加工中心是带有刀库和自动换刀装置的数控机床，它将数控铣床、数控镗床、数控钻床的功能组合在一起，零件在一次装夹后，可以对其大部分加工面进行铣削。

（2）按运动方式分：点位控制数控机床、直线控制数控机床、轮廓控制数控机床。

数控系统只控制刀具从一点到另一点的准确位置，而不控制运动轨迹，各坐标轴之间的运动是不相关的，在移动过程中不对工件进行加工。这类数控机床主要有数控钻床、数控坐标镗床、数控冲床等。

数控系统除了控制点与点之间的准确位置外，还要保证两点间的移动轨迹为一直线，并且对移动速度也要进行控制，也称点位直线控制。这类数控机床主要有比较简单的数控机床、数控铣床、数控磨床等。单纯用于直线控制的数控机床已不多见。

轮廓控制的特点是能够对两个或两个以上的运动坐标的位移和速度同时进行连续相关的控制，它不仅要控制机床移动部件的起点与终点坐标，而且要控制整个加工过程的每一点的速度、方向和位移量，也称为连续控制数控机床。这类数控机床主要有数控机床、数控铣床、数控线切割机床、加工中心等。

（3）按控制方式分：开环控制数控机床、半闭环控制数控机床、闭环控制数控机床。

开环控制数控机床不带位置检测反馈装置，通常用步进电机作为执行机构。输入数据经过数控系统的运算，发出脉冲指令，使步进电机转过一个步距角，再通过机械传动机构转换为工作台的直线移动，移动部件的移动速度和位移量由输入脉冲的频率和脉冲个数所决定。

半闭环控制数控机床在电机的端头或丝杠的端头安装检测元件，通过检测其转角来间接检测移动部件的位移，然后反馈到数控系统中。由于大部分机械传动环节未包括在系统闭环环路内，因此可获得较稳定的控制特性。其控制精度虽不如闭环控制数控机床，但调试比较方便，因而被广泛采用。

闭环控制数控机床带有位置检测反馈装置，其位置检测反馈装置采用直线位移检测元件，直接安装在机床的移动部件上，将测量结果直接反馈到数控装置中，通过反馈可消除从电动机到机床移动部件整个机械传动链中的传动误差，最终实现精确定位。

（4）按机床控制的联动坐标轴数分：二轴联动、二轴半联动、三轴联动、四轴联动、五轴联动。

这里主要讲解数控机床，数控机床属于二轴联动，主要用于加工旋转曲面。

4）数控机床的组成

数控机床由数控装置、床身、主轴箱、刀架进给系统、尾座、液压系统、冷却系统、润滑系统、排屑器等部分组成。数控机床分为立式数控机床和卧式数控机床两种类型。立式数控机床用于回转直径较大的盘类零件的车削加工。卧式数控机床用于轴向尺寸较长或小型盘类零件的车削加工。卧式数控机床按功能可进一步分为经济型数控机床、普通数控机床和车削加工中心。

经济型数控机床：采用步进电动机和单片机对普通车床的车削进给系统进行改造后形成的简易型数控机床。成本较低，自动化程度和功能都比较差，车削加工精度也不高，适用于要求不高的回转类零件的车削加工。

普通数控机床：根据车削加工要求在结构上进行专门设计，配备通用数控系统而形成的数控机床。数控系统功能强，自动化程度和加工精度也比较高，适用于一般回转类零件的车削加工。这种数控机床可同时控制两个坐标轴，即 X 轴和 Z 轴。

车削加工中心：在普通数控机床的基础上，增加了 C 轴和动力头，更高级的机床还带有刀库，可控制 X、Z 和 C 三个坐标轴，联动控制轴可以是（X，Z）、（X，C）或（Z，C）。由于增加了 C 轴和铣削动力头，这种数控机床的加工功能大大增强，除可以进行一般车削外，还可以进行径向和轴向铣削、曲面铣削、中心线不在零件回转中心的孔和径向孔的钻削等加工。

5）数控机床的加工范围

数控机床目前使用广泛，主要用于加工轴类、盘类等回转体零件。通过数控加工程序的运行，可自动完成内外圆柱面、圆锥面、成形表面、螺纹和端面等工序的切削加工，并能进行车槽、钻孔、扩孔、铰孔等加工。车削中心可在一次装夹中完成更多的加工工序，提高加工精度和生产效率，特别适合于具有复杂形状的回转类零件的加工。

6）数控机床的适用对象

（1）精度要求高的零件。

由于数控机床的刚性好，制造和对刀精度高，以及能方便和精确地进行人工补偿甚至自动补偿，所以它能够加工尺寸精度要求高的零件。在有些场合可以以车代磨。此外，由于数控车削时刀具运动是通过高精度插补运算和伺服驱动来实现的，再加上机床的刚性好和制造精度高，所以它能加工对母线直线度、圆度、圆柱度要求高的零件。

（2）表面粗糙度好的回转体零件。

数控机床能加工出表面粗糙度小的零件，不但是因为机床的刚性好和制造精度高，还由于它具有恒线速度切削功能。在材质、精车留量和刀具已定的情况下，表面粗糙度取决于进给速度和切削速度。使用数控机床的恒线速度切削功能，就可选用最佳线速度来切削端面，这样切出的粗糙度既小又一致。数控机床还适合于车削各部位表面粗糙度要求不同的零件。粗糙度小的部位可以用减小进给速度的方法来达到，而这在传统机床上是做不到的。

（3）轮廓形状复杂的零件。

数控机床具有圆弧插补功能，所以可直接使用圆弧指令来加工圆弧轮廓。数控机床也可加工由任意平面曲线所组成的轮廓回转零件，既能加工可用方程描述的曲线，也能加工列表曲线。如果说车削圆柱零件和圆锥零件既可选用传统车床也可选用数控机床，那么车削复杂转体零件就只能使用数控机床了。

（4）带一些特殊类型螺纹的零件。

传统车床所能切削的螺纹相当有限，它只能加工等节距的直、锥面，公、英制螺纹，而且一台车床只限定加工若干种节距。数控机床不但能加工任何等节距的直、锥面，公、英制和端面螺纹，而且能加工增节距、减节距，以及要求等节距、变节距之间平滑过渡的螺纹。数控机床加工螺纹时主轴转向不必像传统车床那样交替变换，它可以一刀又一刀不停顿地循环，直至完成，所以它车削螺纹的效率很高。数控机床还配有精密螺纹切削功能，再加上一般采用硬质合金成形刀片，以及可以使用较高的转速，所以车削出来的螺纹精度高、表面粗糙度小。可以说，包括丝杠在内的螺纹零件很适合于在数控机床上加工。

（5）超精密、超低表面粗糙度的零件。

2. 数控加工程序的基本组成

数控加工程序的基本组成.mp4

数控加工程序主要包括：程序编号、程序主体、程序结束。

程序编号（又称为程序名）为程序的开始部分，为了区别存储器中的程序，每个程序都要有程序编号，在编号前采用程序编号地址码。如在 FANUC 系统中，采用英文字母“O”加 4 位数字组作为程序编号地址，而其他系统有的采用“P”“%”“：”等。

程序主体是整个程序的核心，由许多程序段组成，每个程序段由一个或多个指令组成，表示数控机床要完成的全部动作。

程序结束：以程序结束指令 M02 或 M30 作为整个程序结束的符号，来结束整个程序。

M02：结束程序运行；

M30：程序结束并返回。

程序由程序段组成，每个程序段中包含的代码的含义如下。

N：程序段地址码，用于制定程序段号，现在很多数控系统都不要求必须有段号，故在编程时程序段可有可无。

G：准备功能代码，主要作用是指令机床的运动方式，为数控系统的插补运算做准备。常用的有 G00～G99，共 100 个，分为模态指令和非模态指令。模态指令一旦被某行程序段启用，直至被本组指令取代为止；非模态指令只在启用的本程序段内起作用。

S：主轴转速代码（见表 1－1－1），单位为 r/min 或 m/min，FANUC 系统中分别由 G96 或 G97 指定。G96 表示恒线速控制（m/min），例如 G96 S40 表示切削速度控制在 40 m/min。主要用在车端面时，可以提高速度和表面光洁度。再调用 G96 时，一般与最高转速限制 G50 配合使用，例如 G50 S1200 表示最高转速限制在 1 200 r/min。G97 表示恒转速控制（r/min），例如 G97 S600 表示主轴的转速为 600 r/min。FANUC

系统默认为恒转速控制 G97，故 G97 可以省略。

表 1-1-1　主轴转速代码

代码	FANUC 系统含义	格式举例
G96	恒线速控制/（m/min）	G96 S40
G97	恒转速控制/（r/min）	G97 S600
G50	最高转速限制/（r/min）	G50 S1200

X、Z：坐标的尺寸地址码，表示机床上刀具刀尖点运动到达的坐标位置。单位有米制和英制之分，米制单位用 mm 表示，英制单位用 in（英寸）表示。

F：进给功能代码（见表 1-1-2），表示指定进给速度，有每转进给速度（mm/r）和每分钟进给速度（mm/min）。FANUC 系统分别由 G98 和 G99 指令实现，其中 G98 表示每分钟进给速度（mm/min），G99 表示每转进给速度（mm/r）。

表 1-1-2　进给功能代码

代码	FANUC 系统含义	格式举例
G98	每分钟进给速度/（mm/min）	G98 F300
G99	每转进给速度/（mm/r）	G99 F0.2

每转进给速度（mm/r）与每分钟进给速度（mm/min）之间的关系为：

$$每分钟进给速度=每转进给速度\times主轴转速$$

其中，主轴转速单位为 r/min。

T：刀具功能代码，刀具功能字的地址符是 T，又称为 T 功能或 T 指令，用于指定加工时所选用刀具的编号。数控机床还可以用刀具号进行换刀操作。对于数控机床，其后的数字还兼作指定刀具长度补偿和刀尖半径补偿用。

FANUC 系统由 T 后面加 4 位数字组成指令，前 2 位为刀具号，后 2 位为刀具补偿号，例如 T0204 表示指定刀具为 2 号刀，同时指定该刀具补偿号为 04 号刀补。

M：辅助功能代码，由字母 M 和后面 2 位数字组成，主要用于现代数控机床加工操作的工艺性指令，比如主轴正反转、停止、换刀、切削液开停等，常用的 M 指令代码见表 1-1-3。

表 1-1-3　常用的 M 指令代码

代码	代码含义	代码	代码含义
M00	程序暂停	M08	开切削液
M02	程序结束	M09	关切削液
M03	主轴正转	M10	夹紧
M04	主轴反转	M11	松开
M05	主轴停止	M30	程序结束并返回
M06	自动换刀	M98	调用子程序
M07	开切削液	M99	从子程序中返回

思考题

1. 数控机床主要用来加工什么类型的零件?
2. 如何在数控系统中搜索打开已经输入的程序?

扩展阅读·先进技术

说到数控机床，作为零部件加工和精密部件研发的一款高端设备，在很多领域一直有着不可替代的作用，毕竟依靠人类的肉眼很难将零部件加工至纳米，甚至是毫米级别，而数控机床和计算机在相互合作之后，完全能实现零部件精加工。此外，由于西方国家拥有极为先进的技术，因此在数控机床领域也处于极高的地位，甚至可以说垄断了全球高端机床市场，其中以德国、美国等国家的机床最为先进，而日本的数控机床曾经也拥有极高的地位。可是随着中国开始发力，决定自主研发国产数控机床之后，一度超越了日本在这一领域的地位。根据了解，我国数字化制造装备与技术国家重点实验室教授张海鸥，经过多年的努力成功研发出锻造一体3D打印数控机床，该机床与普通数控机床最大的区别在于普通数控机床通过“做减法”将零部件按照系统设计的要求进行切割和修改，最终达到理想化要求，而3D打印数控机床则是“做加法”，能够使用原材料直接进行加工，不需要任何裁剪，可谓是真正的一步到位，这就好比使用塑料加热成液体之后，然后通过3D打印数控机床进行模型铸造。可以说，不仅铸造时间缩短，同时零部件的质量也十分可靠。此外传统的3D打印数控机床在铸造过程中，要注意刀头的温度，因为温度过高会导致模型变成液体，而张海鸥教授研发的数控机床，却通过给加工零件降温来达到铸造效果，为此，这种3D打印数控机床一经问世便成功跻身全球高端机床领域，甚至美国都向中国提出购买的请求。可以说，随着张海鸥教授研发的3D打印数控机床问世之后，意味着我国在数控领域不再被西方“卡脖子”，在未来也有望跻身高端机床领域。该机床在高铁传动轴、货轮螺旋桨叶片，以及在军用飞机领域都有着十分重要的作用。

讨论：在阅读完上述案例之后，你有什么感受?

实训步骤讲解.mp4

实训步骤

实训步骤	实训具体内容
步骤一　实训知识点测验	学习实训指导知识，完成实训中重要知识点的测验
步骤二　程序段在机床上的手动输入	1. 机床开机，打开机床总电源，按系统电源开键，直至 CRT 显示屏出现“NOT READY”提示后，旋开急停旋钮，当“NOT READY”提示消失后，开机成功。 注意：在开机前，应先检查机床润滑油是否充足，电源柜门是否关好，操作面板各按键是否处于正常位置，否则将可能影响机床正常开机
	2. 按下控制面板中的“EDIT”，选择编辑工作模式
	3. 按下控制面板中的“PROG”，显示程序编辑画面
	4. 输入新创建的程序名“O2022”，然后按下“INSERT”，再按下“EOB”换行，最后按下“INSERT”。 强调：这个顺序不能乱
	5. 程序段的输入，在输入面板中输入“程序段+EOB”，然后按下“INSERT”，当前行输入完毕，换行后继续输入后面的程序
步骤三　机床中程序段的编辑	1. 程序中代码的删除操作，例如，将程序段中的 M05 删除。 在编辑（EDIT）模式下，用输入面板中的“上下左右”键将光标移动到 M05，按下“CAN”键可删除当前程序段中的代码
	2. 程序中代码的替换操作。例如：将程度中的 M03 替换为 M04。 在编辑（EDIT）模式下，用输入面板中的“上下左右”键将光标移动到 M03，输入 M04，最后按下“INSERT”就可以了
	3. 整个程序的删除。例如：删除 O2022 程序。 在编辑（EDIT）模式下，在输入面板中输入“O2022”，然后按下“DELETE”，就可以删除整个程序了

实训工单

数控机床的认识

专业	课程	班级	姓名	学号	考核成绩

安全要点	注意操作规范；非操作人员在安全距离外；未经指导教师允许不能独自操作设备。

一、知识总结

知识链接 1：数控机床加工的过程主要包括哪些步骤？

____

____

____

知识链接 2：数控机床加工的特点有哪些？数控机床加工范围有哪些？

____

____

____

二、基本指令含义

1. 准备功能代码，主要作用是指令机床的运动方式，为数控系统的插补运算做准备。常用 G00～G99，共 100 个，分为＿＿＿＿＿＿和＿＿＿＿＿＿。

2. 进给功能代码 F，表示指定进给速度，有 G99＿＿＿＿＿＿和 G98＿＿＿＿＿＿。

3. G96 表示＿＿＿＿＿＿，G97 表示＿＿＿＿＿＿。

4. T0304 中的“03”表示＿＿＿＿＿＿，“04”表示＿＿＿＿＿＿。

5. 辅助功能代码，由字母 M 和后面 2 位数字组成，主要用于现代数控机床加工操作的工艺性指令，其中 M03 表示＿＿＿＿＿＿，M05 表示＿＿＿＿＿＿，M00 表示＿＿＿＿＿＿，M08 表示＿＿＿＿＿＿，M09 表示＿＿＿＿＿＿，M30 表示＿＿＿＿＿＿，M98 表示＿＿＿＿＿＿，M99 表示＿＿＿＿＿＿。

三、成绩评定

评价等级	知识掌握	过程操作	团队协作	自主学习

指导教师		日期	

实训1.2　数控机床手动、手轮及MDI操作

实训目标

1. 知识目标

（1）掌握数控机床坐标系。

（2）掌握数控机床手动模式下的主要操作。

（3）掌握数控机床手轮模式下的主要操作。

（4）掌握数控机床MDI模式下的主要操作。

2. 技能目标

（1）会判断数控机床坐标系的正方向。

（2）掌握数控机床在手动、手轮、MDI模式下的基本操作。

3. 素质目标

（1）培养学生注重细节，严谨求实作风，良好的职业习惯。

（2）培养学生坚强毅力、自信心、认真负责的工作态度。

实训任务

1. 对数控机床坐标系有较好的认知。
2. 熟悉数控机床在“手动”“手轮”“MDI”模式下的基本操作。

实训主要仪器设备

1. 试验仪器

（1）试验台：FANUC 0i mate－TC系统数控机床。

（2）实训工具：三爪自定心卡盘、卡盘扳手、刀架扳手、垫刀片。

2. 实训器材

装有斯沃数控仿真软件的计算机1台。

实训指导

数控机床坐标系.mp4

1. 数控机床坐标系

1）机床坐标系

机床坐标系是数控机床在出厂前已经设置好的坐标系，它的坐标原点由厂家设置，使用者无法调整。数控机床通过机床坐标系来确定编程坐标系（工件坐标系）。

根据数控机床坐标及运动方向命名国家标准，其命名原则和规定如下：

在设“刀具相对静止工件运动”前提下，增大刀具与工件距离的方向为该方向坐标轴的正方向。

机床坐标系的 X 轴、Y 轴、Z 轴同时满足右手直角笛卡尔坐标系，其中大拇指方向为 X 轴的正方向，食指的方向为 Y 轴的正方向，中指的方向为 Z 轴的正方向。

数控机床坐标轴的判断方法：首先判断 Z 轴，规定与主轴平行且刀具与工件距离增大的方向为 Z 轴方向；其次判断 X 轴，一般情况下 X 轴是水平方向；最后判断 Y 轴，它是垂直于 X 轴和 Z 轴的坐标轴，一般根据右手直角笛卡尔坐标系判定。

判断坐标轴正方向原则为：刀具远离工件的方向为坐标轴的正方向。

此外还有旋转轴 A 轴、B 轴、C 轴。A 轴表示轴线围绕 X 轴旋转，B 轴表示轴线围绕 Y 轴旋转，C 轴表示轴线围绕 Z 轴旋转，它们的正方向可按照右手螺旋定则判定，如图 1-2-1 所示。

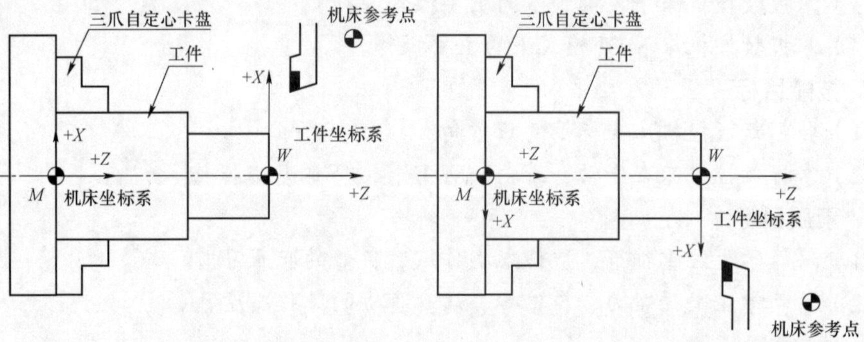

(a) 后置刀架　　(b) 前置刀架

图 1-2-1　机床坐标系、工件坐标系和机床参考点位置关系

2）机床坐标系原点

机床坐标系原点是在机床设计制造、装配调试时就已设置好的固定点。机床坐标系原点是数控装置控制机床运动的基准参考点，也是数控机床进行位置测量、控制、显示的统一基准。机床坐标系原点是一个定义点，不能直接测量，用户无修改权限。在数控机床上，机床坐标系原点一般取在卡盘端面与主轴中心线的交点处。

3）机床参考点

为了正确地在机床工作时建立机床坐标系，通常设置一个机床参考点。数控装置上电时并不知道机床零点，为了正确地在机床工作时建立机床坐标系，通常在每个坐标轴的移动范围内设置一个机床参考点（测量起点），机床起动时，通常要进行自动或手动回参考点，以建立机床坐标系和激活参数。机床零点可以与机床参考点重合，也可以不重合，通过机床参数指定机床参考点到机床零点的距离。机床坐标轴的机械行程范围是由最大和最小限位开关来限定的，机床坐标轴的有效行程范围是由机床参数（软件限位）来界定的。

在机床经过设计、制造和调整后，机床参考点和机床最大、最小行程限位开关便被确定下来，它们是机床上的固定点；而机床零点和有效行程范围是机床上不可见的点，其值由制造商通过参数定义。

4）机床回参考点与机床坐标系的建立

机床坐标轴回到了参考点位置，就知道了该坐标轴的零点位置，机床所有坐标轴都回到了参考点，数控机床就建立起了机床坐标系，即机床回参考点过程实质上是机床坐标系的建立过程。因此，数控机床起动时，一般要进行自动或手动回参考点操作以建立机床坐标系。（注意：采用绝对式测量装置的数控机床，由于机床断电后实际位置不丢失，不必每次起动机床时，都进行回参考点操作，但回零可以消除之前的运动误差。）机床参考点的设置一般采用常开微动开关配合反馈元件的基准（标记）脉冲的方法确定。

5）工件坐标系

工件坐标系是数控编程人员为了方便编写数控程序而建立的坐标系，对于数控机床编程而言，一般工件坐标系原点建立在工件的右端面与主轴轴线相交位置，如图 1-2-1 所示。

2. 机床回零操作

将操作模式旋钮旋至回零 REF 或“返回参考点”模式，将快速倍率旋钮旋至最大倍率 100%，依次按+*X*、+*Z* 轴进给方向键，待 CRT 显示屏中各轴机械坐标值均为零时，回零操作成功，如图 1-2-2 所示。

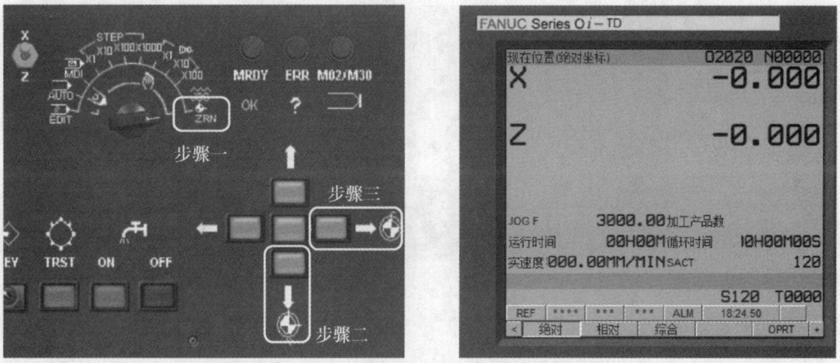

图 1-2-2　机床回零操作及坐标界面显示

3. 数控机床手动模式下的主要操作

数控机床在三种模式下的主要操作.mp4

将操作模式旋钮旋至“JOG”模式，分别按住各轴选择键+*Z*、+*X*、−*X*、−*Z* 即可使机床向相应轴和方向连续进给。若同时按快速移动键，则可快速进给。通过调节进给倍率旋钮、快速倍率旋钮，可控制进给、快速进给移动的快慢。

手动模式下还可以换刀。按下“手动换刀”键，刀架会从当前刀位号换至下一个刀位号，如图 1-2-3 所示。例如：假设当前是 1 号刀，按下“手动换刀”键，刀架会从当前 1 号刀位换至 2 号刀位。

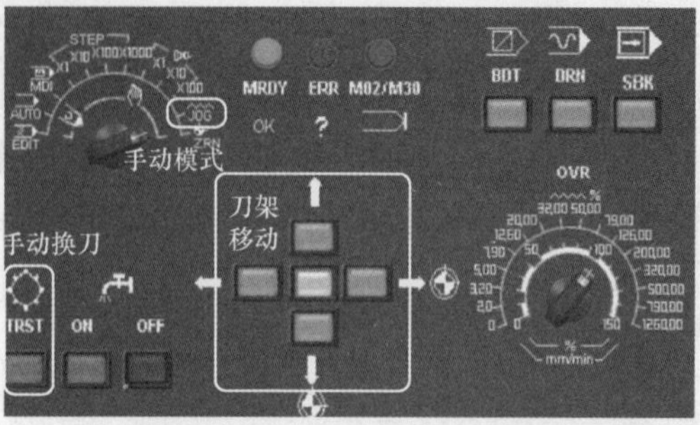

图 1-2-3　手动模式主要操作

4. 数控机床手轮模式下主要操作

将操作模式旋钮旋至“HNDL”模式，通过手轮上的“轴向选择”旋钮可选择轴向运动，顺时针转动“手轮脉冲器”，轴正移，反之，则轴负移。通过选择脉动量 X1、X10、X100（分别是 0.001、0.01、0.1 mm/格）来确定进给快慢，如图 1-2-4 所示。一般手轮模式用于手动切削加工、手动试切对刀，如利用手轮车工件端面。

图 1-2-4　手轮操作

5. 数控机床 MDI 模式下的主要操作

FANUC 系统的 MDI 操作，将操作模式旋钮旋至“MDI”模式，按编辑面板上的“PROG”（程序键），选择程序屏幕，按下对应 CRT 显示区的软键“MDI”，系统会自动加入程序号 O0000，用通常的程序编辑操作编制一个要执行的程序，在程序段的结尾不能加 M30。输入若干段程序，将光标移到程序首句，按“循环启动”键即可运行，如图 1-2-5 所示。

若只需在 MDI 输入运行主轴转动等单段程序，只需在程序号 O0000 后输入所需运行的单段程序，光标位置停在末尾，按“循环启动”键即可运行。

MDI 模式主要实现：主轴的正反转、换刀操作、对刀完毕的验刀操作、数控系统参数修改等。

例如，输入 M03S400，按下“循环启动”键，实现主轴以 400 r/min 正转。又如，在刀架远离工件的条件下输入 T0303，按下“循环启动”键，实现刀架换刀至 03 号刀位。

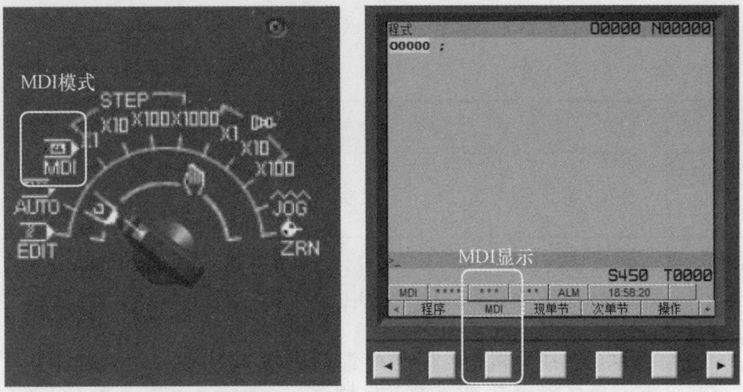

图 1-2-5 MDI 模式操作

思考题

试画出数控机床的机床坐标系、机床原点、机床参考点、工件坐标系之间的位置关系。

扩展阅读 · 先进技术

华中数控研发中国第一台具有超精密加工控制能力的数控系统。

如何在加工过程中，实时监控并调整微米级的加工精度，这是西方数控制造巨头的核心技术机密。华中数控的工程师们创造了一种独特的方法，用色谱图来观测，利用传感器采集刀头数据并将其传送到计算机。刀头的每一个细小波动，都用不同颜色来标记，这样就可以捕捉到肉眼难以捕捉到的误差。利用数据寻找加工误差并进行优化，这实际上是一套智能数据采集分析系统。

在色谱图的帮助下，零件表面加工精度达到了 0.01 μm。工程师说："这个长宽只有 5 cm 的镜面，看似非常小，但我们研发积累了整整 7 年。它的成功，也意味着我们在超精密加工控制系统的研发上，取得了重大突破，完成了对世界一流的追赶。再经过 3～5 年的努力，我们的控制精度必将达到世界领先水平。"

华中数控与相关企业合作研制的世界第一款智能数据采集器，能够对 100 多种不同品牌的数控机床、机器人等机器设备进行数据采集，第一次从根本上解决了智能工厂改造过程中数据采集的难题。这是全球第一次实现跨越国界、跨越品牌的数控机床、机器人等机器设备之间的数据采集的互联互通。

华中数控参与了该智能工厂的规划和实施，主要负责提供机床数控系统、机器人、产线总控系统和智能工厂大数据，打通了最底端的设备层到最高的决策层，实现了真正意义上的智能化生产。

讨论：在阅读完上述案例之后，你有什么感受？

实训步骤

实训步骤	实训具体内容
步骤一　实训知识点测验	学习实训指导知识，完成实训中重要知识点的测验
步骤二　数控机床的基本操作	1. 机床开机 打开机床总电源，按系统电源开键，直至 CRT 显示屏出现“NOT READY”提示后，旋开急停旋钮，当“NOT READY”提示消失后，开机成功。 注意：在开机前，应先检查机床润滑油是否充足，电源柜门是否关好，操作面板各按键是否处于正常位置，否则将可能影响机床正常开机
	2. 机床回零操作 将操作模式旋钮旋至回零 REF 或“返回参考点”模式，将快速倍率旋钮旋至最大倍率 100%，依次按+*X*、+*Z* 轴进给方向键，待 CRT 显示屏中各轴机械坐标值均为零时，回零操作成功
	3. 数控机床手动模式下的主要操作 （1）在手动模式下，通过调整倍率旋钮，分别按住各轴选择键+*Z*、+*X*、－*X*、－*Z*，观察刀架移动方向及速度，同时观察坐标面板坐标值。 （2）按下“手动换刀”键，观察刀架换刀规律
	4. 数控机床 MDI 模式下的主要操作 将操作模式旋钮旋至“MDI 模式”，按编辑面板上的“PROG”（程序键），选择程序屏幕，按下对应 CRT 显示区的软键“MDI”。 （1）输入：M03S400。 按下“循环启动”键，实现主轴以 400 r/min 正转，完成正转，再实现“M04S00”反转。 （2）在刀架远离工件的条件下输入：T0303， 按下“循环启动”键，实现刀架换刀至 03 号刀位

实训工单

数控机床手动、手轮及 MDI 操作

专业	课程	班级	姓名	学号	考核成绩

安全要点	注意数控机床安全操作；禁止两个人同时操作机床；未经指导教师允许不能修改机床参数。

一、知识总结

知识链接 1：画出数控机床的机床坐标系、工件坐标系、机床参考点的位置关系。

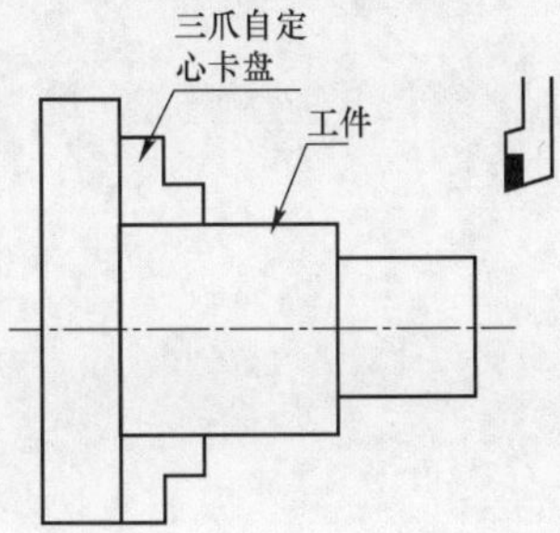

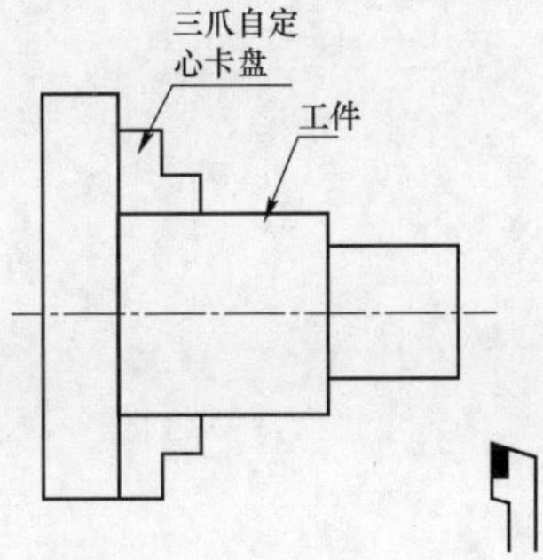

知识链接 2：数控机床的工件坐标系一般建立在什么位置？

二、数控机床的基本操作

1. 数控机床在手动模式下主要实现哪些操作？

2. 数控机床在手轮模式下主要实现哪些操作？

3. 数控机床在 MDI 模式下主要实现哪些操作？

4. 数控机床在编辑模式下主要实现哪些操作？

三、成绩评定

评价等级	知识掌握	过程操作	团队协作	自主学习
指导教师		日期		

实训 1.3 数控机床对刀操作

实训目标

1. 知识目标

（1）掌握数控机床工件的安装。

（2）掌握车刀的选择与装夹。

（3）掌握数控机床对刀的原理。

2. 技能目标

（1）会正确选择车刀。

（2）会正确装夹车刀。

（3）会 FANUC 系统数控机床的试切法对刀。

3. 素质目标

（1）培养学生精益求精、追求极致的工作品质。

（2）培养学生注重细节、严谨求实的作风。

（3）培养学认真负责的工作态度和团队合作精神。

实训任务

1. 熟悉工件和刀具的安装。
2. 熟悉 FANUC 系统数控机床的试切法对刀。

实训主要仪器设备

（1）试验台：FANUC 0i mate－TC 系统数控机床。

（2）实训工具：三爪自定心卡盘、卡盘扳手、刀架扳手、垫刀片。

（3）测量工具：游标卡尺。

（4）装有斯沃数控仿真软件的计算机 1 台。

（5）毛坯：ϕ35×70 的棒料，材料型号：45 号钢。

（6）刀具：90° 整体外圆车刀（主偏角为 90° ）。

实训指导

1. 数控机床工件的装夹

1）三爪自定心卡盘的装夹

数控机床三爪自定心卡盘通过法兰盘安装在主轴上，用以装夹工件。用方头扳手插入三爪自定心卡盘方孔使其转动，小锥齿轮转动带动啮合的大锥齿轮转动，大锥齿轮带动与其背面的圆盘平面螺纹啮合的 3 个卡爪沿径向同步移动。

数控机床三爪自定心卡盘的特点是三爪能自动定心，装夹和校正工件便捷，但夹紧力小，不能装夹大型工件和不规则工件。

数控机床自定心卡盘装夹工件的方法有正抓和反抓装夹工件，反抓装夹时，将三爪卸下，跳投安装就可反抓夹较大直径的工件，常用于装夹截面为圆形、六边形的轴类和盘类小型零件，如图 1－3－1 所示。

夹头配的爪称为硬爪，它淬过火，有硬度。用不淬火的钢材或铜铝做的爪称为软爪，一般焊接在硬爪上，它定位好，不易夹伤工件，用前要加工一下，车或磨都可以。

图 1－3－1　三爪自定心卡盘

2）四爪单动卡盘的装夹

数控机床单动卡盘的 4 个卡爪都可独立移动，因为各爪的背面有半瓣内螺纹与螺杆相啮合，螺杆端部有一方孔，当用卡盘扳手转动某一方孔时，就带动相应的螺杆转动，即可使卡爪夹紧或松开。因此，数控机床四爪单动卡盘可装夹截面为正方形、长方形、椭圆形及不规则形状的工件，也可车削偏心轴和孔。数控机床四爪单动卡盘的夹力比三爪自定心卡盘大，常用于装夹较大直径的正常圆形工件，如图 1－3－2 所示。

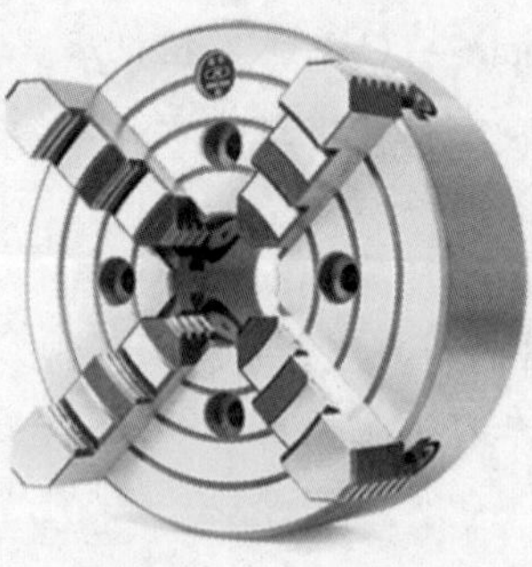

图 1－3－2　四爪单动卡盘

数控机床用单动卡盘装夹工件，因为四爪不同步，不能自动定心，需要仔细地找正，以使工件的轴线对准主轴旋转轴线。用划线盘按工件内外圆表面或预先划出的加工线找正，定位精度在 0.2～0.5 mm；用百分表按工件的精加工表面找正，可达到 0.01～0.02 mm 的定位精度。当工件各部位加工余量不均匀，应着重找正余量少的部位，否则容易使工件报废。

在考虑工件装夹时，应该力求设计、工艺与编程计算的基准统一，这样有利于提高编程时数值计算的简便性和精确性。尽量减少装夹次数，尽可能在一次装夹后，加工出全部待加工面。

2. 数控机床刀具的选择

在编制程序时，正确地选择数控刀具是很重要的。对数控刀具总的要求是安装调整方便、刚性好、精度高、耐用度好，在此基础上综合考虑工件材料的切削性能、机床的加工能力、数控加工工序的类型、切削用量及与机床和数控装置工作范围有关的诸多因素。

由于数控机床具有加工精度高、加工效率高、加工工序集中和零件装夹次数少的特点，对所使用的数控刀具提出了更高的要求。从刀具性能上讲，数控刀具应高于普通机床所使用的刀具。选择数控刀具时，首先要应优先选用标准刀具，必要时才可选用各种高效率的复合刀具及特殊的专用刀具。在选择标准数控刀具时，应结合实际情况，尽可能选用各种先进刀具，如可转位刀具、整体硬质合金刀具、陶瓷刀具等。在选择数控机床加工刀具时，应考虑数控刀具的类型、规格、切削性能、加工精度、可靠性、耐用度、断屑及排屑性能。

数控机床主要用于加工回转类工件，主要有：工件端面、车外圆、车圆弧、切外沟槽、车外螺纹、车内螺纹、车内沟槽、车内孔。图1－3－3为常用车刀的用途，图1－3－4为常用车刀外形。

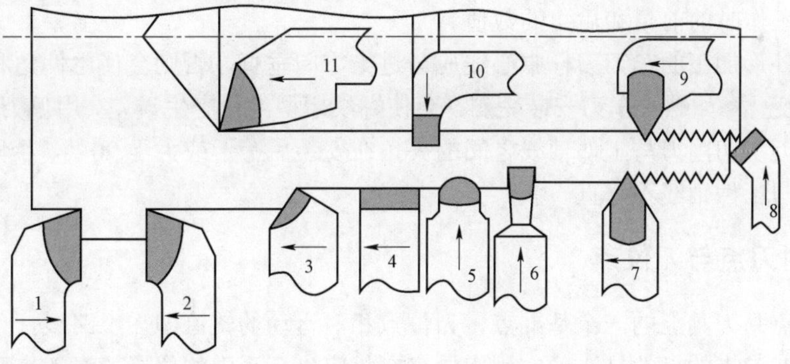

1—90°左偏刀；2—90°右偏刀；3—直头车刀；4—宽刃车刀；5—成形车刀；6—切槽（断）刀；
7—外螺纹车刀；8—端面车刀；9—内螺纹车刀；10—内沟槽车刀；11—内孔镗刀。

图1－3－3 常用车刀的用途

3. 刀具的安装

装刀是数控机床加工操作中非常重要的一项基本工作。车刀安装得正确与否，将直接影响切削能否顺利进行和工件的加工质量。安装车刀时，应注意下列几个问题：

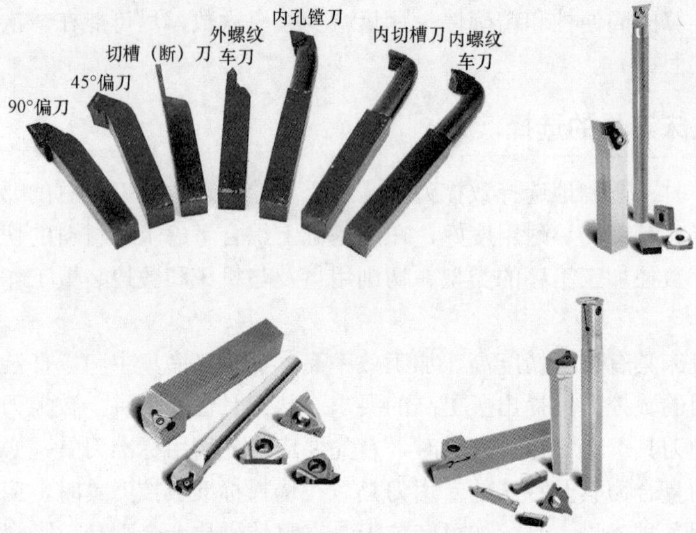

图 1-3-4　常用车刀外形

（1）车刀安装在刀架上，伸出部分不宜太长，伸出量一般为刀杆高度的 1.5～2 倍。伸出过长会使刀杆刚性变差，切削时易产生振动，影响工件的表面粗糙度值。

（2）车刀垫铁要平整，数量要少，垫铁应与刀架对齐。车刀至少要用两个螺钉压紧在刀架上，并逐个轮流拧紧。

（3）车刀刀尖应与工件轴线等高，否则会因基面和切削平面的位置发生变化，而改变车刀工作时的前角和后角的数值。

（4）外形加工的车刀刀杆中心线应与进给方向垂直，否则会使主偏角和副偏角的数值发生变化。如螺纹车刀安装歪斜，会使螺纹牙型半角产生误差。用偏刀车台阶时，必须使车刀主切削刃与工件轴线之间的夹角在安装后等于或大于 90°，否则，车出来的台阶面与工件轴线不垂直。

4. 对刀点与刀位点

刀位点是刀具上的一个基准点，刀位点相对运动的轨迹即加工路线，也称编程轨迹。确定对刀点的目的是：确定程序原点在机床坐标系中的位置，对刀点可与程序原点（工件坐标系原点）重合，也可在任何便于对刀之处，但该点与程序原点之间必须有确定的坐标联系。

刀位点是表示该刀具位置的点，在使用对刀点确定加工原点时，就需要进行“对刀”。所谓对刀，是指使刀位点与对刀点重合的操作。每把刀具的半径与长度尺寸都是不同的，刀具装在机床上后，应在控制系统中设置刀具的基本位置。刀位点是指刀具的定位基准点。常用车刀的刀位点如图 1-3-5 所示。数控机床工件坐标系的原点一般建立在右端面与轴线的交点处。

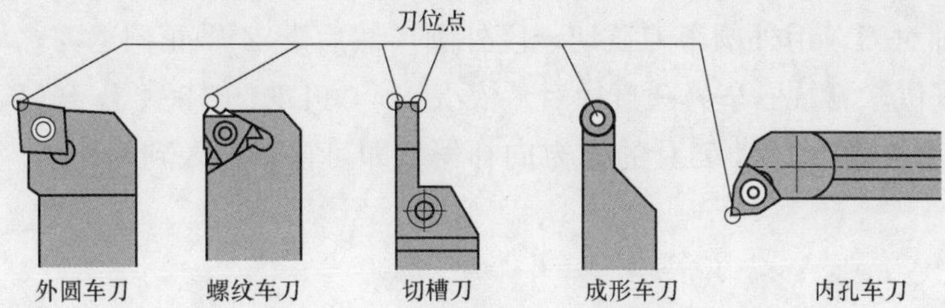

图 1－3－5　常用车刀的刀位点

5. FANUC 数控系统试切法对刀操作

试切法对刀操作.mp4

在 MDI 模式下输入 M03S400 指令，按“循环启动”键，使主轴转动，然后切换到手轮模式。

（1）*Z* 轴对刀。用外圆车刀先试切端面，当车工件端面时，调小手轮倍率进行平端面，车完端面一定要沿着 *X* 轴正向退刀，*Z* 方向务必不能动，如图 1－3－6 所示，此时依次按“OFDETSET”“补正”“形状”。输入“Z0”，按“测量”键，如图 1－3－7 所示，刀具的 *Z* 方向补偿值即可自动输入到刀补中。

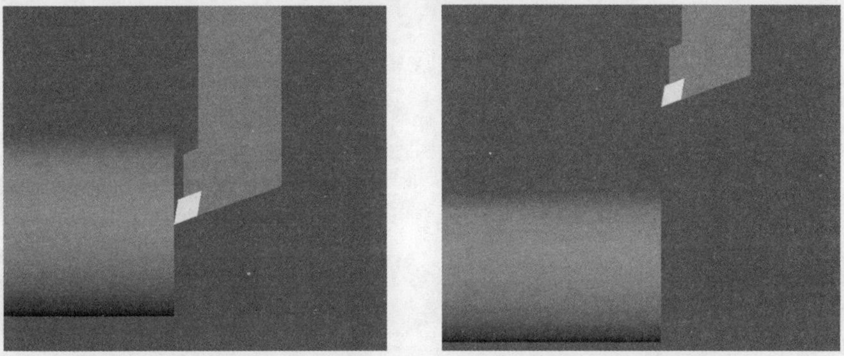

(a) 车端面　　(b) 沿着 *X* 轴正向退刀

图 1－3－6　*Z* 轴对刀操作

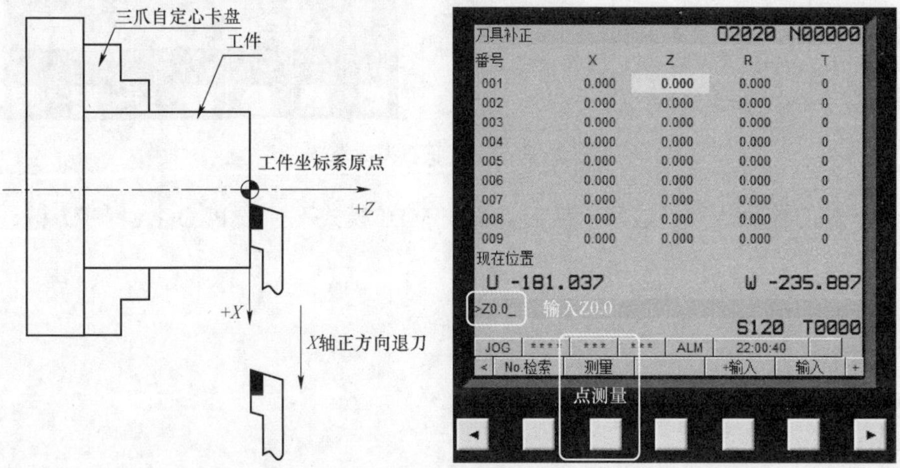

图 1－3－7　*Z* 轴对刀示意图

（2）*X* 轴对刀。用外圆车刀试切一段外圆，然后沿 *Z* 轴正向退刀，如图 1－3－8 所示，停车复位，测量已车外圆直径后，依次按“OFDETSET”“补正”“形状”，输入外圆直径值，按“测量”键，刀具的 *X* 方向补偿值即可自动输入到刀补中，如图 1－3－9 所示。

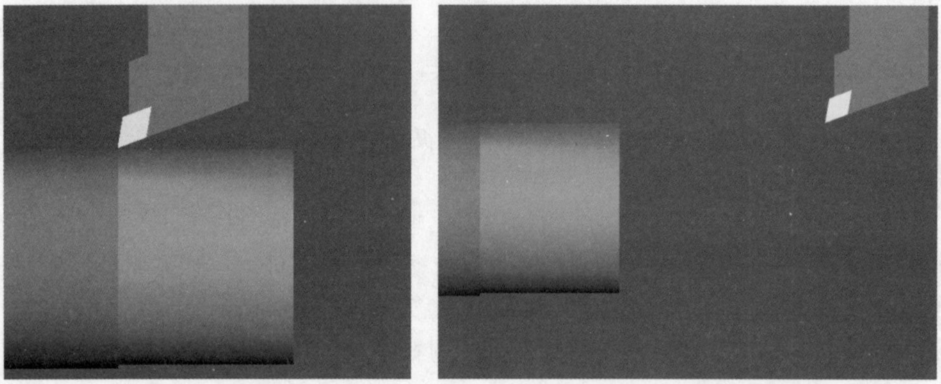

(a) 车外圆　　(b) 沿着 Z 轴正向退刀

图 1－3－8　*X* 轴对刀操作

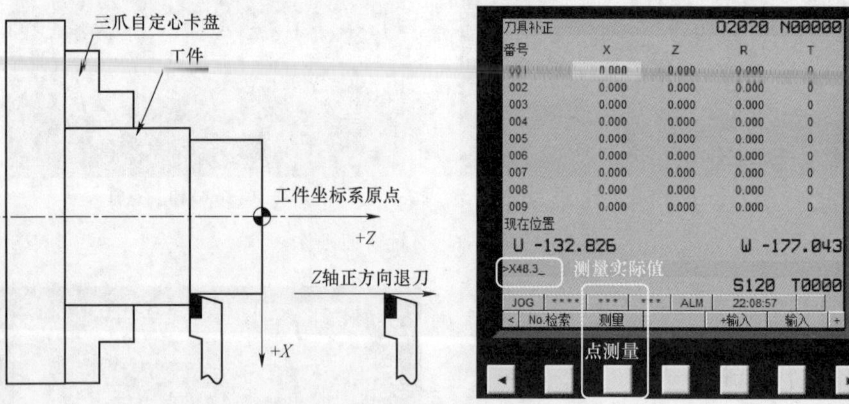

图 1－3－9　*X* 轴对刀示意图

（3）对刀检验。刀具退回至换刀点，在 MDI 模式下，按 PROG（程序）键，输入检测程序：

M03S500；

T0101；

G00X0；

G01Z50F1；

按下“循环启动”键，运行检验。若刀具不按照设定位置（50，0）方向移动，就按下急停按钮，重新对刀。注意：Z 值大小根据自己情况定，但务必是正值，否则会碰到工件表面。

观察刀具位置是否与屏幕上显示的绝对坐标一致，检验刀尖是否距离工件右端面为 50 mm，检验刀具的刀尖是否和工件的轴线共线。

思考题

1. 在数控机床上安装刀具时应该注意什么？
2. 简述 FANUC 数控系统外圆车刀试切法对刀步骤。

扩展阅读·工匠精神

庞淇文，男，汉族，1989 年 1 月生，中共党员，广西柳工机械股份有限公司装载机业务群传动件业务加工中心班班长。

2011 年，22 岁的庞淇文进入柳工柳州传动件有限公司，成为铸件车间加工中心班的一员。虽然在最基层的岗位工作，但他不甘于平庸，立志成为一名“大工匠”。他把分配给自己的工作看作是锻炼的机会，保质保量去完成每一项工作。在铸件车间加工中心班里，庞淇文每天都操作着庞大的机床，并配置上百把刀具。他就像一个数控机床的“指挥官”，根据零件图样及工艺要求，编制数控加工程序，对零件进行加工，让所有部件、刀具联动运转，从而精准完成零件加工。

为了保证产品的加工精度，庞淇文为自己定下了多种苛刻的操作准则：加工精度差必须小于 0.01 mm。他将 1 000 多个产品尺寸、每一道加工工序、加工路线都牢记大脑中，保证能随时服务于设备改造和技术创新。

庞淇文带领团队先后完成 23 款系列变速箱、减速机新产品的试制加工，为批量生产提供产品试制、制造工艺、加工时间、设备人力需求等方面的关键数据。随着技能水平的不断提高，他参与解决了众多加工技术难题，完成 15 项技术改造、效率提升及工装自制等项目工作，为公司创造经济效益 2 000 多万元。

在庞淇文看来，真正的大师应该专注一事，精益求精，并把这种精神品质传承下去。

讨论：在阅读完上述案例之后，你有什么感受？

实训步骤

<table>
<tr><th>实训步骤</th><th>实训具体内容</th></tr>
<tr><td>步骤一　实训知识点测验</td><td>学习实训指导知识，完成实训中重要知识点的测验</td></tr>
<tr><td rowspan="6">步骤二　数控机床试切法对刀操作</td><td>1. 装夹工件：将ϕ35×70 的棒料装夹在三爪自定心卡盘中，工件伸出 40 mm</td></tr>
<tr><td>2. 安装刀具：将 90° 整体外圆车刀安装在 1 号刀位。注意：刀具伸出量一般为刀杆高度的 2～1.5 倍；车刀刀尖应与工件轴线等高；车刀刀杆中心线应与进给方向垂直</td></tr>
<tr><td>3. 在 MDI 模式下输入 M03S400 指令，按“循环启动”键，使主轴转动，然后切换到手轮模式</td></tr>
<tr><td>4. Z 轴对刀。用外圆车刀先试切端面，当车工件端面时，调小手轮倍率进行平端面，车完端面一定要沿着 X 轴正向退刀，Z 方向务必不能动，此时依次按“OFDETSET”“补正”“形状”。输入“Z0”，按“测量”键，刀具的 Z 方向补偿值即自动输入到刀补中</td></tr>
<tr><td>5. X 轴对刀。用外圆车刀试切一段外圆，然后沿 Z 轴正向退刀，停车复位，测量已车外圆直径后，依次按“OFDETSET”“补正”“形状”，输入“外圆直径值”，按“测量”键，刀具 X 补偿值即自动输入到刀补中</td></tr>
<tr><td>6. 对刀检验。刀具退回至换刀点，在 MDI 模式下，按 PROG（程序）键，输入检测程序：
M03S500；
T0101；
G00X0；
G01Z50F1；
按下“循环启动”键，运行检验。若刀具不按照设定位置（50，0）方向移动，就按下急停按钮，重新对刀。注意：Z 值大小根据自己情况定，但务必是正值，否则会碰到工件表面。
观察刀具位置是否与屏幕上显示的绝对坐标一致，检验刀尖是否距离工件右端面为 50 mm，检验刀具的刀尖是否和工件的轴线共线</td></tr>
<tr><td>步骤三　清理机床</td><td>加工结束，整理工具、量具、刀具，清理机床切屑，做好机床日常保养，搞好实训室卫生，养成良好安全、文明的生产习惯</td></tr>
</table>

实训工单

数控机床对刀操作

专业	课程	班级	姓名	学号	考核成绩

安全要点	装刀和装工件必须规范；禁止两个人同时操作机床。

一、知识总结

知识链接：数控机床刀具的安装应该注意哪些问题？

二、试切法对刀操作

1. 写出外圆车刀试切法对刀 Z 轴方向对刀步骤。

2. 写出外圆车刀试切法对刀 X 轴方向对刀步骤。

3. 写出验刀操作步骤和验刀程序。

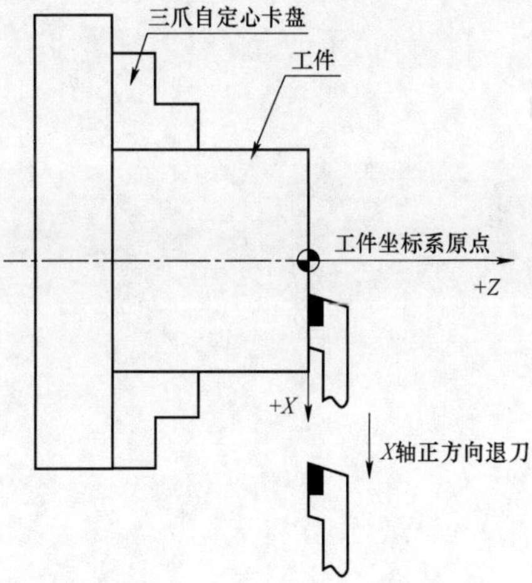

三、验刀结果

以 X0 Z50 为验刀点，请上传验刀结果图。

四、成绩评定

评价等级	知识掌握	过程操作	团队协作	自主学习

指导教师		日期	

项目 2

轴类零件的内外轮廓车削加工

- 轴类零件的内外轮廓车削加工
  - 台阶轴类零件车削加工
  - 阶梯轴类零件车削加工
  - 圆弧曲面结构轴类零件车削加工
  - 轴类零件外轮廓复合循环车削加工
  - 轴类零件内轮廓复合循环车削加工
  - 带内凹结构零件外轮廓的复合循环车削加工

实训 2.1　台阶轴类零件车削加工

实训目标

1. 知识目标

（1）熟悉零件图分析方法，能够阅读零件图。

（2）掌握快速定位指令 G00 和直线插补指令 G01 的格式。

（3）掌握快速定位指令 G00 和直线插补指令 G01 的应用。

（4）掌握台阶轴类零件加工工艺设计。

（5）会编写台阶轴的数控车削加工程序。

2. 技能目标

（1）熟练数控机床手动模式、MDI 模式、编辑模式下的基本操作。

（2）掌握数控机床在自动模式下单段运行的基本操作。

（3）根据零件图，完成简单台阶轴的数控编程、检验及加工。

3. 素质目标

（1）培养学生耐心专注、敢于担当的工作品质。

（2）培养学生注重细节、严谨求实的工作作风。

（3）培养学生求真务实、执行标准的工作态度。

实训任务

完成如图 2-1-1 所示工件的数控编程与加工。毛坯为ϕ35×80 的棒料，材料型号为 45 号钢。

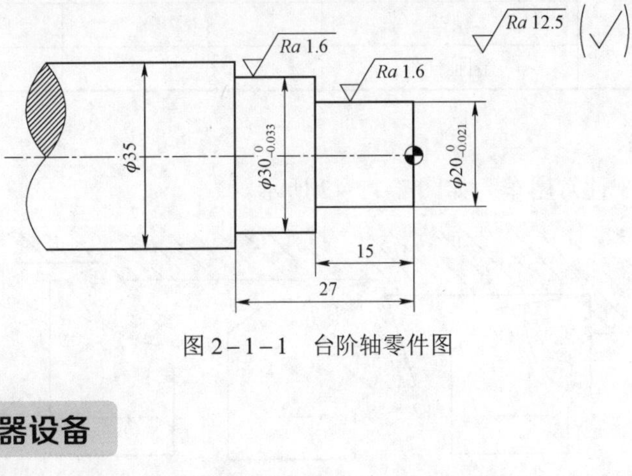

G00 和 G01 指令应用.mp4

图 2-1-1　台阶轴零件图

实训主要仪器设备

1. 试验仪器

（1）试验台：FANUC 0i mate-TC 系统数控机床。

（2）实训工具：三爪自定心卡盘、卡盘扳手、刀架扳手、垫刀片。

（3）测量工具：游标卡尺、外径千分尺。

2. 实训器材

（1）仿真器材：装有斯沃数控仿真软件的计算机1台。

（2）毛坯：$\phi 35\times 80$ 棒料，材料型号为45号钢。

（3）刀具：93° 外圆车刀（主偏角为93°）、45° 端面车刀（主偏角为45°）。

实训指导

1. 零件的技术性和工艺性分析

1）零件图分析

台阶轴的结构简单，但对精度、表面粗糙度有特定的要求。如图2-1-1所示台阶轴，其主要加工表面有零件的右端面、$\phi 30^{0}_{-0.033}$ 外圆、$\phi 20^{0}_{-0.021}$ 外圆。

（1）零件的右端面在长度方向上的尺寸为27 mm，公差等级为11级，表面粗糙度为12.5，查表2-1-1可知，采用粗车就可以达到技术要求。

（2）$\phi 30^{0}_{-0.033}$ 外圆的公差等级为8级，表面粗糙度为1.6，查表2-1-1可知，需要精车才能达到公差等级。

（3）$\phi 20^{0}_{-0.021}$ 外圆的公差等级为7级，表面粗糙度为1.6，查表2-1-1可知，需要精车才能达到公差等级。

表2-1-1 外圆柱表面和端面加工方法的精度和表面粗糙度

加工表面	加工方法	精度 IT	表面粗糙度 Ra/μm
外圆柱表面和端面	粗车	12～11	25～12.5
	半精车	10～9	6.3～3.2
	精车	8～7	1.6～0.8
	金刚石车	6～5	0.8～0.2

2）刀具选择

车削外圆的3种常用车刀如图2-1-2所示。

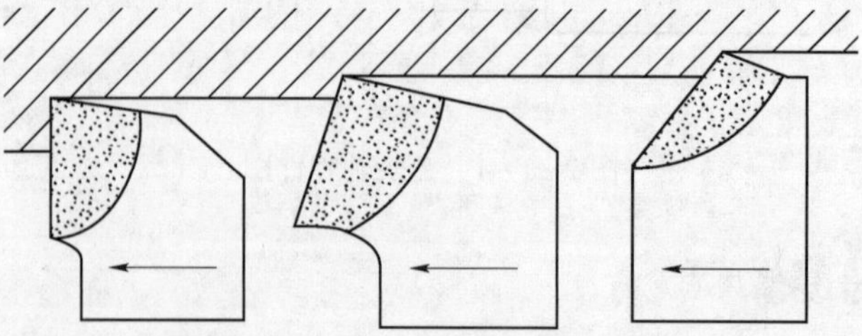

(a) 90°～93°外圆车刀　(b) 45°外圆车刀　(c) 60°～75°外圆车刀

图2-1-2 车削外圆的3种常用车刀

（1）90°外圆车刀，主要用于车削有台阶的外圆、细长轴及端面。

（2）45°外圆车刀，主要用于车削外圆、端面和倒角。

（3）60°～75°外圆车刀，主要用于粗车外圆和无台阶的外圆。

左偏刀与右偏刀区别

（1）加工时走刀方向不一样。左偏刀：由左向右车削工件外径；右偏刀：由右向左车削工件外径。

（2）从进给方向到主切削刃的夹角（主偏角），若是逆时针旋转（主切削刃向右偏离进给方向），则为右偏刀；若是顺时针旋转，则为左偏刀。

车削端面的4种常用车刀如图2－1－3所示。

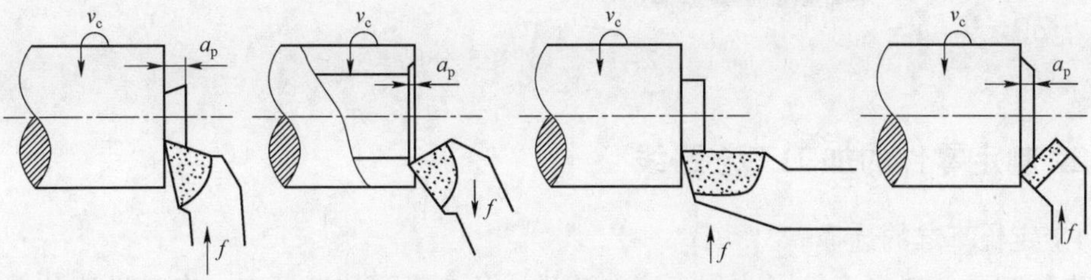

a_p—背吃刀量；v_c—切削速度；f—进给速度。

图2－1－3　车削端面的4种常用车刀

（1）用右偏刀由外向中心车端面，用于车削带台阶的小端面的工件，主要由副切削刃切削。车削时，背吃刀量不能太大，否则容易出现崩刀或扎刀现象。

（2）用右偏刀由中心向外车端面，车削已经有孔的回转类工件的端面，主切削刃从内向外车削。

（3）用左偏刀由外向中心车端面，主切削刃车削，主要用于车削有台阶面的端面或余量较大的端面。

（4）用45°弯头车刀由外向中心车端面，主切削刃车削，切削条件好，刀头强度比偏刀强度大，加工质量相对较好，适用于车削较大的平面。

在加工过程中，应该尽可能地减少换刀次数和走刀时间，即用一把刀加工完相应各部位，然后再换下一把刀。故本次实训选择90°右偏外圆车刀完成外圆、端面、台阶的加工。

3）量具选择

（1）游标卡尺：测量范围，0～150 mm；分度值，0.02 mm，如图2－1－4所示。

（2）外径千分尺：测量范围，25～50 mm；分度值，0.01 mm，如图2－1－5所示。

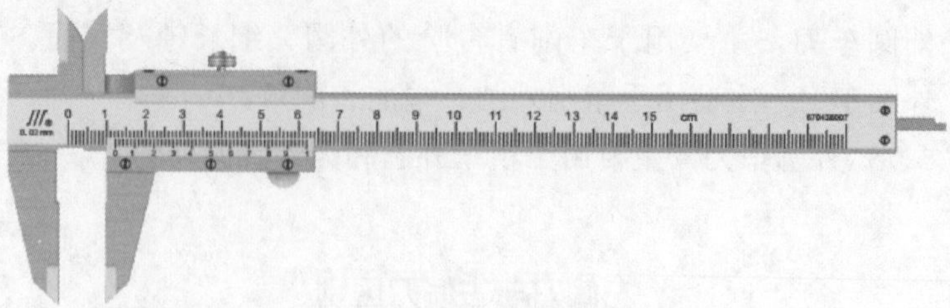

图 2-1-4　游标卡尺（Ⅰ型）

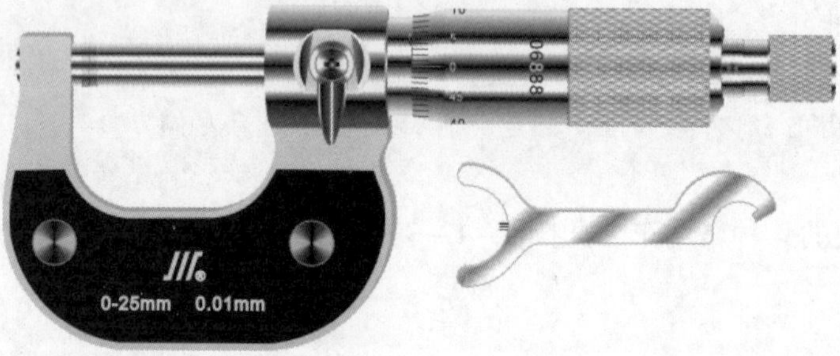

图 2-1-5　外径千分尺

2. 制定零件的加工工艺路线

1）定位基准的选择

定位基准的选择直接影响到工序的数目、各个表面加工顺序、夹具设计及零件的精度。

定位基准分为粗基准、精基准和辅助基准。粗基准采用毛坯上未经加工的表面作为定位基准；精基准采用经过加工的表面作为定位基准；辅助基准采用为了装夹方便特意在零件上加工出的专供定位用的基准表面。

（1）粗基准的选择原则。

① 为保证不加工表面与加工表面之间的位置精度要求，应以非加工表面为粗基准。若工件上有很多非加工表面，应以其中精度要求最高的不加工面为粗基准。

② 为使各加工表面都能得到足够大的加工余量，应选择毛坯上加工余量最小的表面作为粗基准。

③ 为保证某重要加工表面的加工余量小且均匀，应以该重要加工表面为粗基准。

④ 粗基准不能重复使用。通常同一尺寸方向上只能使用一次，以粗基准加工出来的表面中，应有一些表面能便于作为后续加工的精基准，这样才能保证加工顺利和加工精度。

⑤ 应该尽量选择光滑平整、无毛刺、无浇口、无冒口或其他缺陷的表面为粗基准，以便定位可靠、精确。

（2）精基准的选择原则。

① 基准重合的原则：直接选用加工表面的设计基准（或工序基准）作为定位基准。

② 基准统一的原则（粗、半精）：当工件以某一组精基准定位，可以比较方便地

对其余多个表面进行加工时，应尽早地在工艺过程的开始阶段就将这组精基准加工出来。

③ 互为基准的原则：当工件上存在两个相互位置精度有要求的表面时，可以认为它们彼此互为基准。

④ 自为基准的原则：将选择的加工表面本身作为定位基准，只能提高几个表面本身的尺寸精度和形状精度，不能提高位置精度。

定位基准的选择顺序：首先选定最终完成工件主要表面加工和保证主要技术要求所需的精基准；接着考虑为了可靠地加工出上述主要精基准，是否需要选择一些面作为辅助基准；最后结合选用的粗基准所应解决的问题，遵循粗基准的选择原则来选择粗基准即可。

本实训任务中，台阶轴只需加工一端，工件的粗基准为ϕ35 的毛坯外圆，选用三爪自定心卡盘，装夹工件时，工件伸出长度应该至少比零件加工长度长 5 mm，否则车刀会撞到三爪自定心卡盘。本实训任务精基准不需要考虑。

2）加工工艺路线的确定

在生产过程中，已经总结出一些指导性的原则：基准先行、先面后孔、先主后次、先粗后精、先近后远。

考虑“先粗后精”原则，粗车时尽可能选择较大的背吃刀量，以减小走刀的次数，背吃刀量一般为 1～5 mm，精车时背吃刀量一般为 0.1～0.5 mm。精车使工件获得精确的尺寸和表面粗糙度，故进给速度较小，具体选择要根据机床、刀具材料、被加工工件材料来确定。

台阶轴加工工艺路线：

（1）粗车工件的端面；

（2）粗车工件的外圆，先粗车至ϕ30.6，长 27 mm，后粗车至ϕ20.6，长 15 mm（精加工余量一般取单边值 0.1～0.5 mm）；

（3）精车工件的外圆，先精车 $\phi 20^{0}_{-0.021}$ 外圆，后精车 $\phi 30^{0}_{-0.033}$ 外圆。

3）切削用量的选择

切削用量的确定主要有两种方法：查表法和经验法。在实际应用过程中，主要还是根据刀具的型号、刀具的材料、工件的材料、机床的性能等因素，确定切削用量。

切削用量选择尽可能较小，粗加工背吃刀量为 2 mm，主轴转速为 500 r/min，进给速度为 0.2 mm/r；精加工背吃刀量为 0.3 mm，主轴转速为 800 r/min，进给速度为 0.1 mm/r。

3. 相关参数的数值计算

1）建立工件坐标系

数控机床工件坐标系原点一般设定在工件右端面与轴线的交点（*W* 点）上，如图 2－1－6 所示。

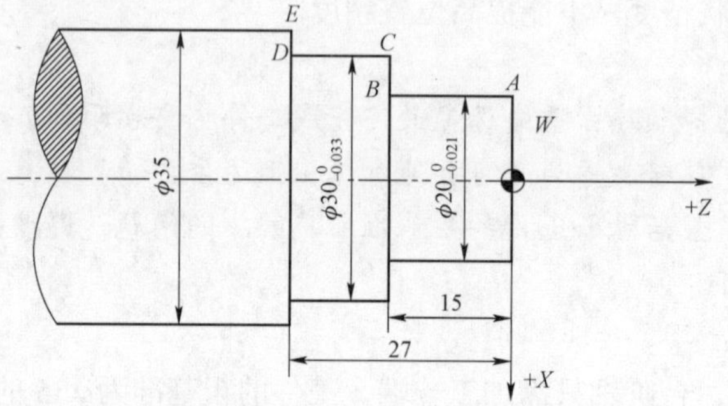

图 2－1－6　零件中工艺点坐标

2）工件上基点和工艺点的确定

在数控车削编程中，*X* 轴的坐标值通常取图纸中的直径值作为编程数据，这样可避免尺寸换算过程中可能造成的错误，给编程带来很大的方便。若要用单边值编程，通过修改相应数控系统参数也可以实现，一般手动编程条件下都默认 *X* 轴坐标值是直径值。

数控编程中，表示几何点的坐标位置有绝对值编程和增量值编程两种形式。绝对值编程以工件坐标系的原点为基准来表示坐标的位置。增量值编程以相对于“前一点”位置坐标值的增量来表示坐标位置。在编程时，数控程序中绝对值和增量值可以单独使用，也可以混合使用。它们使用的原则主要是，何种编程方式更方便就用何种方式。例如，刀具刀尖从点 *A*（20，0）切削到点 *B*（20，－15），则点 *B* 相对于点 *A* 的增量坐标为（0，－15）（终点的坐标值减去起点对应的坐标值）。

工件上基点的确定方法

基点是零件上各几何要素之间的连接点，如零件轮廓上直线的起点和终点（目标点）、圆弧的起点和终点（目标点），这些基点是手动编写数控程序的重要参数。

在本实训任务中，基点为 *A*、*B*、*C*、*D*、*E*（见图 2－1－6），其绝对坐标值见表 2－1－2。

表 2－1－2　台阶轴上基点的绝对坐标值

基点	基点 *A*	基点 *B*	基点 *C*	基点 *D*	基点 *E*
绝对坐标值	（20，0）	（20，－15）	（30，－15）	（30，－27）	（35，－27）

工件上工艺点的确定方法

工艺点主要有刀位点、换刀点、进刀点、退刀点。

刀位点（刀尖点）：编程时表示刀具位置的坐标点，一般是刀具上的刀尖点。

换刀点：刀具远离工件时，刀架换刀不会碰到工件和夹具的坐标点。

进刀点：又称为切削起始点，在编程时，进刀时采用快速走刀接近工件的切削起点，再改用切削进给。该切削起点就是进刀点，也是操作数控机床时判断走刀准确与否的重要坐标点。进刀点的 *Z* 坐标值应离毛坯右端面 2～5 mm 安全距离，*X* 坐标值应比加工毛坯外圆直径大 1～4 mm。图 2－1－7（a）为外圆车刀从当前位置快速移动至进刀点。

退刀点：在数控车削加工编程中，对于外轮廓，沿着 *X* 轴正方向退刀到某一点（*X* 坐标值比各外圆直径大 2～4 mm）；对于内轮廓，沿着 *X* 轴负方向退刀到某一点（*X* 坐标值比各内孔直径小 2～4 mm）。图 2－1－7（b）为外圆车刀退刀示意图。

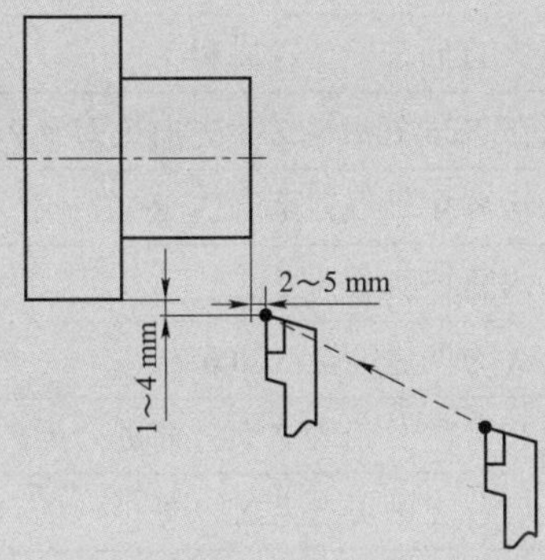

（a）外圆车刀从当前位置快速移动至进刀点

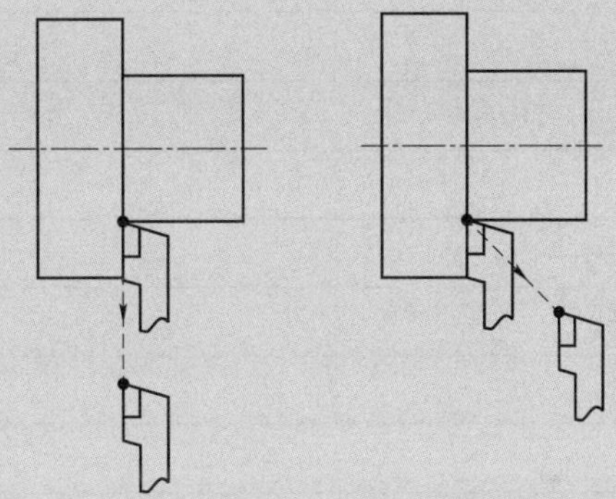

（b）外圆车刀径向退刀与45°方向退刀

图 2－1－7　外圆车刀进刀与退刀

本实训任务中，进刀点为（37，3）。

4. 编制零件的加工程序

图 2－1－1 所示台阶轴的加工程序见表 2－1－3。

表 2－1－3　图 2－1－1 所示台阶轴的加工程序

O2022;	程序名
G99G40;	初始化
M03S500;	主轴正转，转速为 500 r/min
T0101;	选择 1 号刀和 01 号刀补
G00X37Z3;	01 号刀快速移动至进刀点（很重要）
X31;	刀具 *X* 方向进刀至 X31 处

续表

G01Z－27F0.2；	刀具在 X35 处沿着 Z 负方向进刀至 Z－27 处
X37；	刀具沿着 X 轴退刀至 X37 处
G00Z3；	刀具快速移动至进刀点
X30.6；	刀具 X 方向进刀至 X30.6 处（留 0.6 mm 余量）
G01Z－27F0.2；	刀具在 X30.6 处沿着 Z 负方向进刀至 Z－27 处
X37；	刀具沿着 X 轴退刀至 X37 处
G00Z3；	刀具快速移动至进刀点
X26；	刀具 X 方向进刀至 X26 处
G01Z－15F0.2；	刀具在 X28 处沿着 Z 负方向进刀至 Z－15 处
X37；	刀具沿着 X 轴退刀至 X37 处
G00Z3；	刀具快速移动至进刀点
X22；	刀具 X 方向进刀至 X22 处
G01Z－15F0.2；	刀具在 X26 处沿着 Z 负方向进刀至 Z－15 处
X37；	刀具沿着 X 轴退刀至 X37 处
G00Z3；	刀具快速移动至进刀点
X20.6；	刀具 X 方向进刀至 X20.6 处
G01Z－15F0.2；	刀具在 X24 处沿着 Z 负方向进刀至 Z－15 处
X37；	刀具沿着 X 轴退刀至 X37 处
G00Z3；	刀具快速移动至进刀点
M03S800；	主轴正转，转速为 800 r/min（精加工）
X20；	刀具快速移动至 X20 Z3 处
G01Z－15F0.1	刀具在 X20 处沿着 Z 负方向进刀至 Z－15 处
X30；	刀具沿着 X 轴走刀至 X30 处
Z－27；	刀具在 X30 处沿着 Z 负方向进刀至 Z－27 处
X37；	刀具沿着 X 轴退刀至 X37 处
G00X100Z100；	刀具快速退回换刀点位置
M05；	主轴停止
M30；	程序结束

5. 输入程序，调试程序，完成零件的加工

仿真加工.mp4

在斯沃数控仿真软件中检验程序路径并仿真，结果如图 2－1－8 所示。

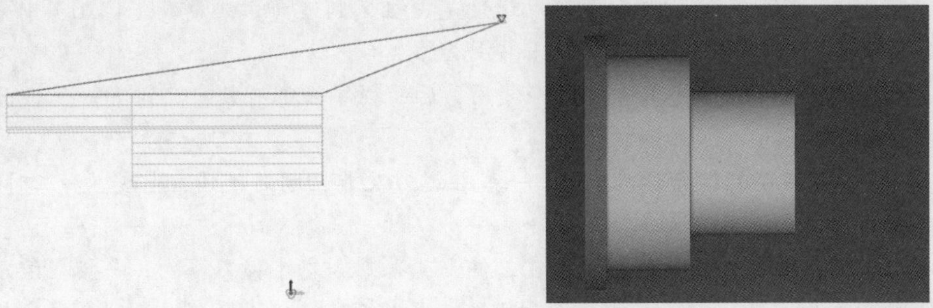

图 2-1-8　台阶轴零件加工编程路径与仿真加工效果

> **注**：最好将编写好的程序通过数控面板输入到数控机床中，然后打开程序，选择自动模式，调好进给倍率，在单段模式下，按循环启动按钮进行加工，每段程序结束后再按循环启动按钮，这样可以一段一段地执行程序，有利于初学者理解数控编程加工。

知识点链接

指令 G00 和 G01 格式讲解.mp4

1. 快速定位指令 G00

快速定位指令 G00 用于在工件坐标系中将刀具快速移动到由绝对值或增量值指令指定的位置。在绝对值指令中，用终点坐标值编程；在增量值指令中，用刀具移动的距离编程。

> 指令格式：G00X（U）________Z（W）________；

其中，X（U）、Z（W）是目标点的坐标。绝对值（X，Z）指令时是终点位置的坐标值。增量值（U，W）指令时是刀具移动的距离。

例如，如图 2-1-9 所示，选右端面 *O* 点为工件坐标系原点，刀具的刀尖从 *A* 点运动到进刀点 *B* 的程序如下：

绝对值编程：G00 X34 Z3；

增量值编程：G00 U26 W22；

混合编程：G00 U26 Z3。

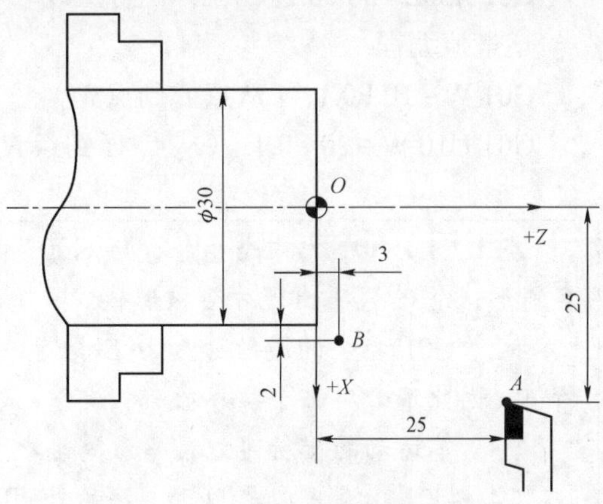

图 2-1-9　快速定位指令 G00 示例

注：（1）G00 指令中的快速移动速度是由机床制造商系统参数（1420）中分别对每个坐标轴设定的，不能在地址 F 中规定。

（2）G00 指令是模态指令，一经使用，后面程序段都有效，直到下一个 G 代码出现才会被取代。

（3）G00 指令的运行速度较快，一般在退刀及非切削时使用，能减少加工时间，提高生产效率。

（4）G00 指令的终点不能设置在工件上，否则会发生撞刀事故，一般应该距离工件 1～5 mm，同时该终点位置不能超过机床坐标轴的极限行程，否则会发生超程报警。

2. 直线插补指令 G01

直线插补指令 G01 是刀具以进给速度 F 沿直线从起点移动至终点。

指令格式：G01X（U）________Z（W）________F________；

其中，X（U）、Z（W）是目标点的坐标。绝对值（X，Z）指令时是终点位置的坐标值。增量值（U，W）指令时是刀具移动终点相对起点的距离。F 为刀具的进给速度。

例如，如图 2－1－10 所示，选右端面 *O* 点为工件坐标系原点，刀具的刀尖从 *L* 点运动到 *M* 点，再从 *M* 点运动到 *N* 点。假设机床默认进给速度为每转进给速度（mm/r），程序如下：

绝对值编程：

G01 X20 Z－10 F0.1;（从点 *L* 到点 *M*）

G01 X30Z－30 F0.1;（从点 *M* 到点 *N*）

增量值编程：

G01 W－10 F0.1;（从点 *L* 到点 *M*）

G01 U10 W－20 F0.1;（从点 *M* 到点 *N*）

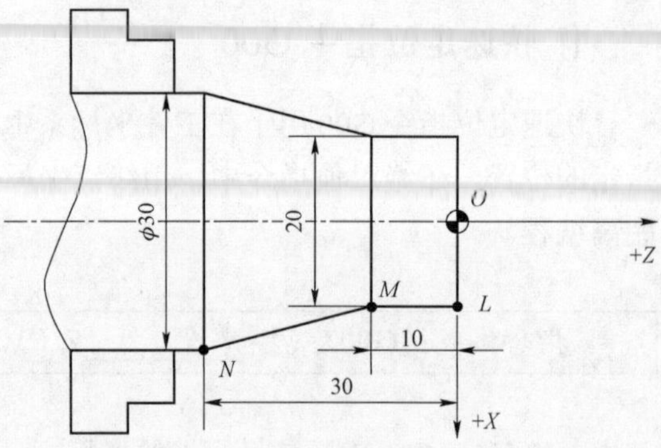

图 2－1－10　直线插补指令 G01 示例

注：（1）G01 为模态指令，与 G00 指令一样，一经使用，后面程序段都有效，直到下一个 G 代码出现才会被取代。

（2）G01 指令的进给速度由 F 指定，F 中指定的进给速度一直有效，直到指定新值，因此不必对每个程序段都指定 F。

（3）不运动的坐标可以省略编写。

（4）G01 指令一般应用于工件的外圆、端面、圆锥面的切削加工。

思考题

1. 快速定位指令 G00 和直线插补指令 G01 的移动速度设定是否一样？若不一样，它们分别由什么设定？

2. 试编写如图 2－1－11 所示零件的轮廓加工程序。

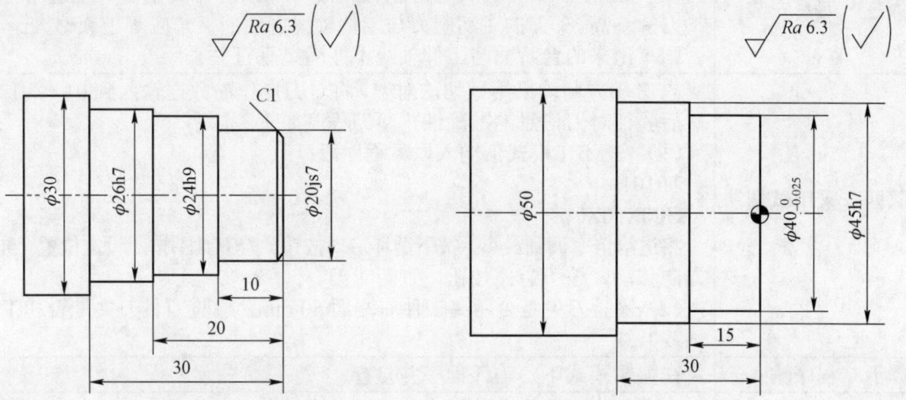

图 2－1－11　台阶轴加工编程练习图

扩展阅读 · 工匠精神

王阳是中国航天科工集团三院 111 厂的一名车工。连续 21 年，他加工的工件合格率为 100%，从未出现过质量问题和耽误工期的现象，被大家称为“车王”。

从 1997 年起，111 厂就承担作为神舟飞船十大关键部件之一的连接分离机构的研制和生产任务。在机械加工中，经常会碰到一些棘手的活，王阳主动站出来攻关。在加工某型号关键件时，他通宵达旦、连续奋战 10 余天，最终提前 5 天完成任务，确保了产品按期交付。

近年来，王阳攻克生产难题 26 项，实现技术革新 29 项，获得国家专利 3 项，大大提高工效，创造价值近百万元。他提出并被采纳的合理化建议，涵盖市场开拓、科研生产、行政管理、后勤保障诸多方面，为工厂节约资金 180 余万元。

王阳介绍，做到“零失误”只有一个秘诀，就是师父戚建国教给他的“眼到、手到、心到”。他摸索总结出“一看，二选，三找，四细，五严”五步加工法，对每项任务精益求精。

工匠精神是对设计的独具匠心，对质量的精益求精，对技艺的尽善尽美。要耐得住长期寂寞，不浮躁、不放弃。

讨论：在阅读完上述案例之后，你有什么感受？

实训步骤

实训步骤	实训具体内容
步骤一　准备工作	准备毛坯、刀具、量具，机床开机
步骤二　工件安装	将棒料装夹在三爪自定心卡盘上，伸出 37 mm
步骤三　刀具安装	将外圆车刀按照程序要求装于 01 号刀位，刀具伸出量一般为刀杆高度的 2～1.5 倍。车刀刀尖应与工件轴线等高，若刀尖偏低，应选用合适的垫刀片垫高。车刀的主切削刃与工件轴线之间的夹角应等于或略大于 90°，否则车出来的台阶面与工件轴线不能满足垂直关系
步骤四　采用试切法对刀	*X*、*Z* 轴方向均采用试切法对刀，将对刀操作的数据输入到 01 号刀补中，然后验证对刀信息的准确性，验刀程序如下。 （1）在 MDI 模式下输入以下程序段： T0101; G00X50Z0; 将进给倍率调到最小，按下循环启动按钮。若刀具不按照设定位置（50，0）方向移动，按下急停按钮，重新对刀。 （2）检验刀尖是否距离工件右端面 50 mm，检验刀具刀尖是否和工件的轴线共线
步骤五　程序输入	在编辑模式下，输入程序并检查
步骤六　零件加工	打开程序，选择自动模式，调好进给倍率，在单段模式下，按循环启动按钮进行加工，每段程序结束后再按循环启动按钮，这样可以一段一段地执行程序
步骤七　零件检测	工件尺寸：外圆 $\phi 30$、$\phi 20$，长度 15 mm、27 mm
步骤八　实训室清洁	加工结束，整理工具、量具、刀具，清理机床切屑，做好机床日常保养，搞好实训室卫生，养成良好的安全、文明生产习惯

零件检测与评分

零件加工结束后进行零件检测，检测评分标准见表 2－1－4。

表 2－1－4　台阶轴加工评分表

学号		姓名		班级	
任务	台阶轴类零件车削加工			零件图号	图 2－1－1
考核模块	序号	检测内容	分值	学生自评	教师评分
工艺设计及编程	1	加工工艺制定合理，切削用量（v_c、f、a_p）选择合理	5		
	2	加工程序规范、正确、简单	25		
设备规范操作	3	机床操作、维护保养正确，刀具和工件安装、拆卸正确规范	10		
	4	文明生产（包括安全、行为规范、课堂纪律）	10		
尺寸检测	5	$\phi 30^{0}_{-0.033}$ 外圆	15		
	6	$\phi 20^{0}_{-0.021}$ 外圆	15		
	7	长度 15 mm	5		
	8	长度（27±0.065）mm	10		
表面粗糙度	9	*Ra*1.6	5		
综合得分					

实训工单

台阶轴类零件车削加工

专业	课程	班级	姓名	学号	考核成绩
安全要点	注意规范操作机床；禁止两个人同时操作一台机床				

一、知识总结

知识链接1：写出快速定位指令G00和直线插补指令G01的格式。

____

____

知识链接2：绝对值编程、增量值编程及混合编程，选右端面 O 点为工件坐标系原点，刀具刀尖从 L 点运动到 M 点，再从 M 点运动到 N 点。假设机床进给速度为每转进给速度0.1 mm/r。

绝对值编程程序：______________________________

增量值编程程序：______________________________

混合编程程序：______________________________

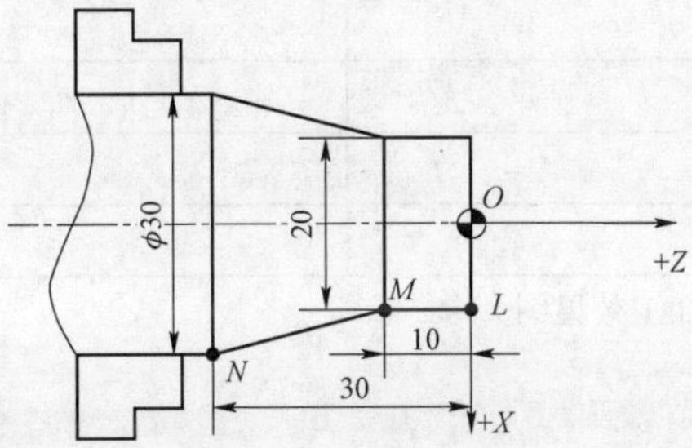

二、运用

任务要求：完成如下图所示工件的数控编程与加工。毛坯为 $\phi36\times80$ 棒料，材料型号为45号钢，根据零件的技术要求，制定加工工艺路线。

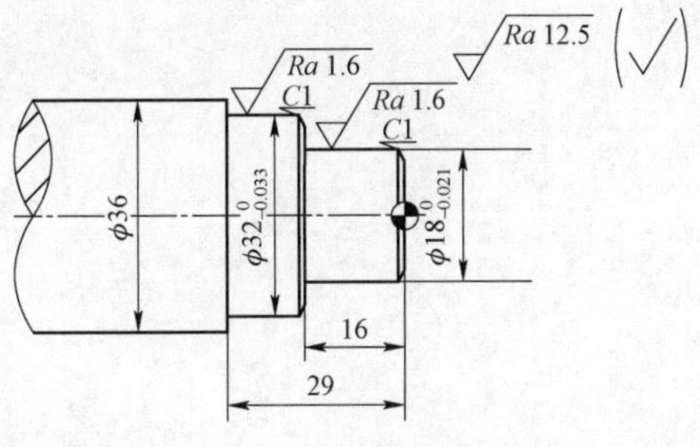

1. 零件的技术性和工艺性分析

（1）主要加工表面：______________________________

（2）$\phi32$ 外圆的公差等级为多少？$\phi18$ 外圆的公差等级为多少？（提示：查表）

____

续表

（3）选用的刀具：________________

2. 制定零件的加工工艺路线

____

____

____

3. 编制程序

三、调试加工（上传仿真加工效果图）

四、成绩评定

评价等级	知识掌握	过程操作	团队协作	自主学习
指导教师		日期		

实训 2.2　阶梯轴类零件车削加工

实训目标

1. 知识目标

（1）掌握指令 G90 的格式、加工轨迹、各参数的含义及循环起点的确定。

（2）掌握简单圆柱零件的工艺分析，合理安排加工路线和选择切削用量。

（3）正确使用单一固定循环指令编写简单零件粗、精加工程序。

2. 技能目标

（1）合理选择机械夹固式车刀刀杆和刀片，掌握刀片及刀具的正确安装。

（2）能正确分析零件表面质量，熟练使用相关量具。

（3）掌握控制尺寸方法，完成零件加工。

3. 素质目标

（1）培养学生精益求精、毫厘不差的工匠精神。

（2）培养学生探索未知、追求真理的学习态度。

（3）培养学生坚强毅力、自信心、认真负责的工作态度。

实训任务

完成如图 2-2-1 所示工件的数控编程与加工。毛坯为ϕ40×100 棒料，材料型号为 45 号钢。

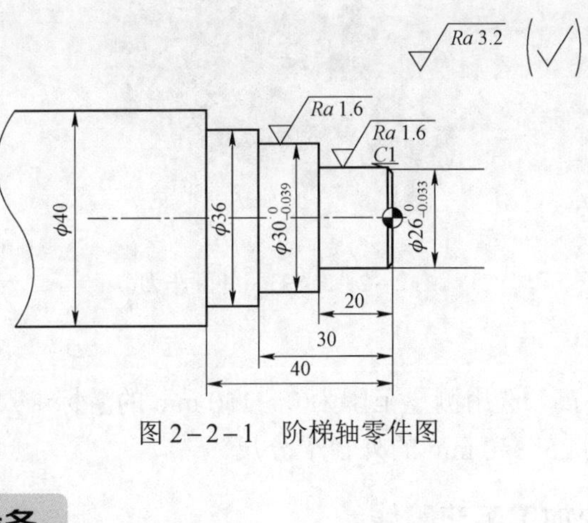

图 2-2-1　阶梯轴零件图

G90 指令应用案例.mp4

实训主要仪器设备

1. 试验仪器

（1）试验台：FANUC 0i mate-TC 系统数控机床。

（2）实训工具：三爪自定心卡盘、卡盘扳手、刀架扳手、垫刀片。

（3）测量工具：游标卡尺、外径千分尺。

2. 实训器材

（1）仿真器材：装有斯沃数控仿真软件的计算机 1 台。

（2）毛坯：$\phi 40 \times 100$ 棒料，材料型号为 45 号钢。

（3）刀具：93° 外圆车刀（主偏角为 93° ）。

实训指导

1. 零件的技术性和工艺性分析

1）零件图分析

阶梯轴的结构简单，但对精度、表面粗糙度有一定的要求。如图 2－2－1 所示的零件，其主要加工表面有 $\phi 30^{0}_{-0.039}$ 外圆、$\phi 26^{0}_{-0.033}$ 外圆。

（1）零件的右端面在长度方向上的尺寸为 40 mm，公差等级未标，按 11 级处理；表面粗糙度为 3.2，由表 2－1－1 可知，半精车可以达到技术要求。

（2）$\phi 30^{0}_{-0.039}$ 外圆的公差等级为 8 级，表面粗糙度为 1.6，由表 2－1－1 可知，需要精车才能达到公差等级。

（3）$\phi 26^{0}_{-0.033}$ 外圆的公差等级为 8 级，表面粗糙度为 1.6，由表 2－1－1 可知，需要精车才能达到公差等级。

2）刀具选择

在本次实训任务中，选用 93° 外圆车刀，如图 2－2－2 所示，根据教学实际可选用焊接式普通外圆车刀或机械夹固式外圆车刀。

图 2－2－2　93° 外圆车刀

3）量具选择

外圆长度精度不高，选用测量范围为 0～150 mm 的游标卡尺测量。外圆有精度要求，选用测量范围为 25～50 mm 的外径千分尺。

2. 制定零件的加工工艺路线

1）定位基准的选择

在本次实训任务中，只需加工阶梯轴的一端，工件的粗基准为 $\phi 40$ 毛坯外圆，选用三爪自定心卡盘，装夹工件时，工件伸出卡盘端面外的长度约为 50 mm。

2）加工工艺路线的确定

数控加工常见工艺有：分段粗车，按轮廓精车；分层粗车，按轮廓精车。

本次实训任务采用一次装夹工件完成 3 个圆柱面加工，先用 G90 分层粗车圆柱面，再用 G01 按轮廓完成 3 个表面的精加工。

3）切削用量的选择

手动车端面和粗车外圆轮廓，背吃刀量为 1 mm，主轴转速为 600 r/min，进给速度为 0.2 mm/r；精车外圆轮廓，背吃刀量为 0.3 mm，主轴转速为 1 200 r/min，进给速度为 0.1 mm/r。

3. 相关参数的数值计算

1）建立工件坐标系

数控机床工件坐标系原点一般设定在工件右端面与轴线的交点上。

2）工件上基点和工艺点的确定

在本次实训任务中，基点为 *A*、*B*、*C*、*D*、*E*、*F*、*G*，如图 2－2－3 所示，其绝对坐标值见表 2－2－1。在本次实训任务中，进刀点为（42，3）。

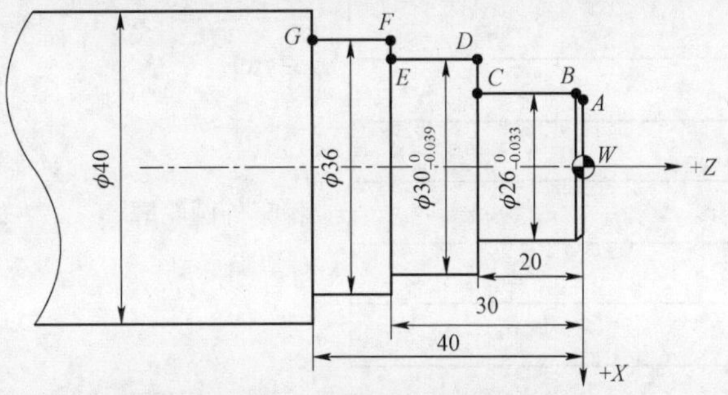

图 2－2－3　确定工件坐标系原点

表 2－2－1　阶梯轴上基点的绝对坐标值

基点	基点 *A*	基点 *B*	基点 *C*	基点 *D*	基点 *E*	基点 *F*	基点 *G*
绝对坐标值	（23，0）	（26，－1.5）	（26，－20）	（30，－20）	（30，－30）	（36，－30）	（36，－40）

4. 编制零件的加工程序

图 2－2－1 所示阶梯轴的加工程序见表 2－2－2。

表 2－2－2　阶梯轴加工程序

O0002;	程序名
G00X100Z100;	刀具快速移动至换刀点
M03S600;	主轴正转，转速为 600 r/min

续表

T0101；	选择 1 号刀和 01 号刀补
G00X42Z3；	01 号刀快速移动至进刀点（很重要）
G90X36.6Z－39.9F0.2；	粗车圆柱面$\phi 36$
G90 X33.6Z－29.9；	粗车圆柱面$\phi 30$
X30.6；	
G90 X26.6Z－19.9；	粗车圆柱面$\phi 26$
G00X100Z100；	刀具回到换刀点
M05；	主轴停
M00；	程序暂停
S1200 M03；	主轴变速，转速为 1 200 r/min
G00 X23Z1	快速定位至精加工起刀点
G01 Z0 F0.3	刀具 *Z* 方向进刀至 Z0 处
G01 X26Z－1F0.1	精车外圆轮廓
G01 Z－20	
X30	
G01 Z－30	
X36	
Z－40	
X41	
G00X100Z100；	刀具回到换刀点
M05；	主轴停止
M30；	程序结束

5. 输入程序，调试程序，完成零件的加工

在斯沃数控仿真软件上检验程序路径并仿真，结果如图 2－2－4 所示。

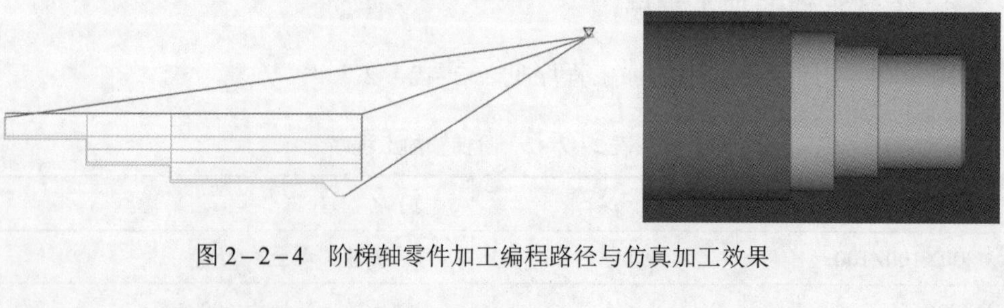

图 2－2－4　阶梯轴零件加工编程路径与仿真加工效果

知识点链接

指令 G90 格式讲解.mp4

1. 内外圆柱面车削循环指令 G90

1）指令格式

G90 X（U）_____Z（W）_____F_____

其中，X，Z 取值为圆柱面切削终点坐标值，U，W 取值为圆柱面切削终点相对循环起点的增量坐标。

2）指令功能

一个连续加工动作由一个指令 G90 完成，因此该指令可简化编程，用于加工余量较大的圆柱面，其运行轨迹分别为矩形、直角梯形。如图 2-2-5 所示，*A* 为循环起点，*C* 为切削终点，即程序段指令的目标点。此时可使用 G90 指令完成一个连续加工动作（如 *A*—*B*—*C*—*D*—*A*），G90 为模态代码。

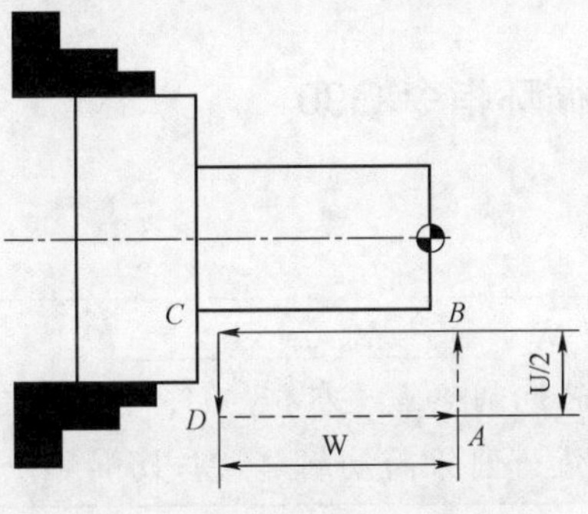

图 2-2-5　指令 G90 走刀路线（1）

注：图 2-2-5 中虚线表示快速移动，实线表示按指定的进给速度移动，循环结束后刀具回到循环起点 *A*。

对于如图 2-2-6 所示的零件，用指令 G90 加工，参考程序见表 2-2-3。

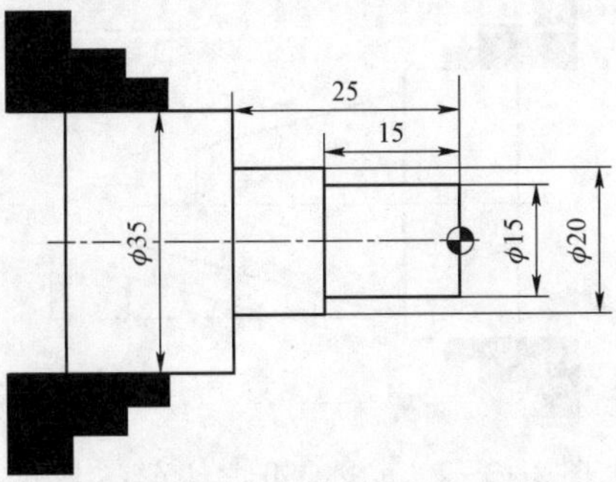

图 2-2-6　圆柱面车削加工零件图

表 2-2-3　圆柱面车削循环功能 G90 参考程序

O2233；	程序名
M03S600T0101；	主轴正转，选择 1 号刀和 01 号刀补
G00X40Z3；	快速定位到循环起点
G90X31Z-25F0.2；	固定循环 G90 切削圆柱面第 1 刀
X27；	切削圆柱第 2 刀，G90 是模态代码，可以省略
X23；	切削圆柱面第 3 刀
X20；	切削圆柱面第 4 刀
X16Z-15；	切削圆柱面第 5 刀
X15；	切削圆柱面第 6 刀
G00X100Z100；	刀具回到换刀点
M05；	主轴停止
M30；	程序结束

2. 内外圆锥面车削循环指令 G90

内外圆锥面车削循环.mp4

1）指令格式

> G90 X（U）_____Z（W）_____R_____F_____
>
> 其中，X，Z 取值为圆锥面切削终点坐标值。U，W 取值为圆锥面切削终点相对循环起点的增量坐标。R 取值为圆锥面切削起点与切削终点的半径差。

2）指令功能

该指令可简化编程，用于加工余量较大的圆锥面，其运行轨迹为梯形。

如图 2-2-7 所示，*A* 为循环起点，*C* 为切削终点，即程序段指令的目标点。使用一个指令 G90 完成一个连续加工动作（如 *A*—*B*—*C*—*D*—*A*）。

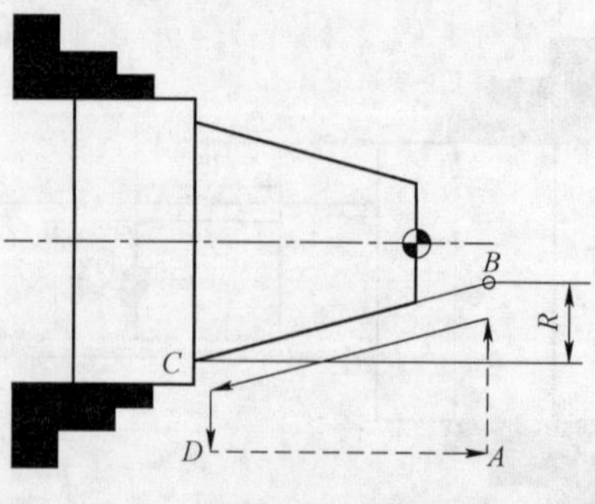

图 2-2-7　指令 G90 走刀路线（2）

3）R正负的判断

如图 2-2-8 所示，如果切削起点的 X 坐标值小于终点的 X 坐标值，R 值为负；反之为正。

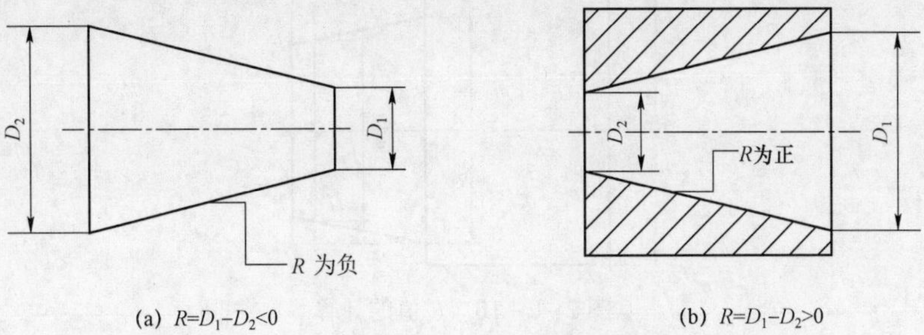

(a) $R=D_1-D_2<0$　　(b) $R=D_1-D_2>0$

图 2-2-8　R 正负的判断

说明：

（1）A 为循环起点，X 向取值应大于毛坯 1～2 mm，Z 值距离端面应有一定的量，以确保进刀安全。

（2）G90 为模态功能，可由 G01，G02，G03，G92 等同组指令注销。

对于如图 2-2-9 所示的零件，用指令 G90 加工。R 值是切削起点 B 与切削终点 C 之间的直径之差的一半，而不是圆锥小端直径 $\phi 40$ 与大端直径 $\phi 50$ 差的一半。这点很容易混淆。在计算 R 值时，可以采用相似三角形原理或圆锥锥度原理。

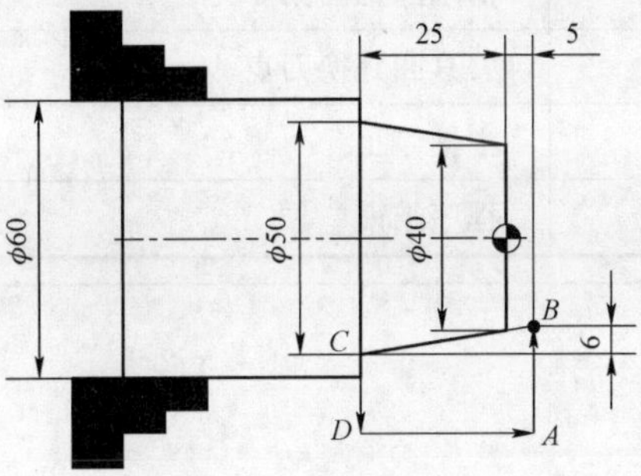

图 2-2-9　G90 车削循环

仿真加工.mp4

◎ 相似三角形原理

如图 2-2-10 所示，因为 $\triangle ABC \backsim \triangle EDC$，所以

$$\frac{AC}{EC}=\frac{AB}{ED}$$

$$AB=AC\times ED/EC=6\ \text{mm},\ R=-6\ \text{mm}$$

◎ 圆锥锥度原理

因为锥度 =（50−40）/25=（40−FB）/5，所以 FB=38 mm，R=（38−50）/2=−6（mm）。

注意：R 值的计算与循环起点的位置有关，为了计算方便，定刀的位置要合适，要保证计算的 R 值是有限小数或整数。

根据 R 的正负判断可知，R 为负值，所以 $R=-6$ mm。参考程序见表 2-2-4。

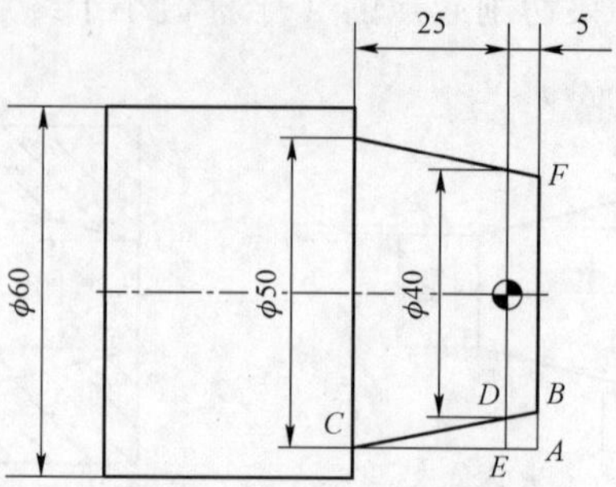

图 2-2-10　R 值的计算

表 2-2-4　圆锥面车削循环功能 G90 参考程序

O2234;	程序名
M03S600T0101;	主轴正转，选择 1 号刀和 01 号刀补
G00X70Z3;	快速定位到循环起点
G90X65Z-25R-6F0.2;	固定循环 G90 切削圆锥面第 1 刀
X60;	切削圆锥面第 2 刀，G90 是模态代码，可以省略
X55;	切削圆锥面第 3 刀
X50;	切削圆锥面第 4 刀
G00X100Z100;	刀具回到换刀点
M05;	主轴停止
M30;	程序结束

思考题

1. G90 指令的格式是什么？有何功用？
2. 试编写如图 2-2-11 所示零件的轮廓加工程序。

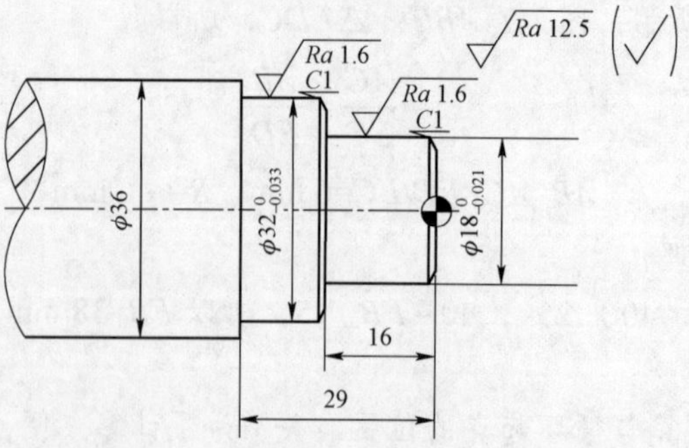

图 2-2-11　阶梯轴加工编程练习图

扩展阅读 · 工匠精神

自制深镗刀具，一举拿下深盲孔加工难题，他创造的成绩，至今无人超越，他就是导弹的“护心使者”、荆楚工匠——邹峰。

邹峰是中国航天三江集团红林探控有限公司的一名车工。2014 年 8 月的一天，一群人行色匆匆地赶到中国航天三江集团红林探控有限公司，他们急需解决一个非常棘手的问题。这个急需加工的零件，是用来控制卫星在轨运行姿态的，其加工精度直接影响卫星在太空中的运行角度和方向。而这个零件的加工难点，在于它的多型腔结构。熟悉邹峰的人都知道，越是这样的难题，越能激发他的斗志。很快，邹峰就进入了一个“疯魔”的状态，时刻都在思索着多型腔结构的解决之道。在现代化的工业生产中，数控机床由于加工精度高、生产效率高等特点被广泛应用，尤其是在航空、航天、国防等国家高精尖领域中，更是发挥着不可替代的作用。在数控机床众多的零部件中，车刀是机床加工必不可少的部分。零件毛坯在高速的旋转中，与刀头进行着金属间的碰撞，在金属碎屑流光溢彩的飞舞中，完成着一个又一个零部件的加工生产，可以说，选择一把合适的车刀，是每位车工需要掌握的最基本的技能之一。多年的积累，让邹峰对刀具的感觉极其敏锐，在肉眼难以观察的细小刀刃上，手指轻轻一划，邹峰就能察觉出刀刃上是否有残缺。在邹峰看来，数控加工中的各种难题的解决和加工效率的提高，都要靠刀具来解决。合适的车刀，就是解决此次多型腔结构零部件高精度加工的关键。几经思索，邹峰做出了一个大胆的决定，他要自己打磨加工出一把合适的刀具。

此时此刻他所有的功力都汇聚在手上，一双看似慢条斯理却又精巧灵动的手，以无穷的耐心反复打磨。与金刚石同等硬度的刀具逐渐呈现出邹峰所需要的锐度和角度，这才是真正的以柔克刚。自制的刀具，需要通过数控机床加工进行检验。多型腔零部件的内部构造在加工时无法用肉眼观察，邹峰只能依靠自己多年的经验，用这把崭新的刀具进行着深盲孔内的“盲雕”。最终，所有的检测数据符合图纸要求。

邹峰悬着的心终于放了下来，脸上淡淡的喜悦稍纵即逝，因为在他看来，这样的生产难题，才是自己不断前进的最大动力。

钻研数控机床多年，邹峰将精密刻度当作了自己的人生标尺。在某重点型号导弹发动机的安全结构生产中，邹峰自制深镗刀和独创“三把刀接力法”，一举解决了深盲孔加工的难题，所有精度公差均达到 0.001 mm，产品加工合格率也由以前的 60%提高到 99.5%，这一成绩至今无人超越，邹峰被誉为导弹的“护心使者”。

讨论：在阅读完上述案例之后，你有什么感受？

实训步骤

实训步骤	实训具体内容
步骤一　准备工作	准备毛坯、刀具、量具，机床开机
步骤二　工件安装	将棒料装夹在三爪自定心卡盘上，伸出 50 mm
步骤三　刀具安装	将外圆车刀按照程序要求装在 01 号刀位上，刀具伸出量一般为刀杆高度的 2～1.5 倍。车刀刀尖应与工件轴线等高，若刀尖偏低，应选用合适的垫刀片垫高。车刀的主切削刃与工件轴线之间的夹角应等于或略大于 90°，否则车出来的台阶面与工件轴线不能满足垂直关系
步骤四　采用试切法对刀	*X*、*Z* 轴方向均采用试切法对刀，将对刀操作的数据输入到 01 号刀补中，然后验证对刀信息的准确性，验刀程序如下。 （1）在 MDI 模式下输入以下程序段： T0101； G00X50Z0； 将进给倍率调到最小，按下循环启动按钮。若刀具不按照设定位置（50，0）方向移动，按下急停按钮，重新对刀。 （2）检验刀尖是否距离工件右端面 50 mm，检验刀具刀尖是否和工件的轴线共线
步骤五　程序输入	在编辑模式下，输入程序并检查
步骤六　零件加工	打开程序，选择自动模式，调好进给倍率，在单段模式下，按循环启动按钮进行加工，每段程序结束后再按循环启动按钮，这样可以一段一段地执行程序
步骤七　零件检测	工件尺寸：外圆ϕ36、ϕ30、ϕ26，长度 20 mm、30 mm、40 mm
步骤八　实训室清洁	加工结束，整理工具、量具、刀具，清理机床切屑，做好机床日常保养，搞好实训室卫生，养成良好的安全、文明生产习惯

零件检测与评分

零件加工结束后进行零件检测，检测评分标准见表 2-2-5。

表 2-2-5　阶梯轴加工评分表

<table>
<tr><td>学号</td><td colspan="2"></td><td>姓名</td><td></td><td>班级</td><td></td></tr>
<tr><td>任务</td><td colspan="4">阶梯轴类零件车削加工</td><td>零件图号</td><td>图 2-2-1</td></tr>
<tr><td>考核模块</td><td>序号</td><td colspan="2">检测内容</td><td>分值</td><td>学生自评</td><td>教师评分</td></tr>
<tr><td rowspan="2">工艺设计及编程</td><td>1</td><td colspan="2">加工工艺制定合理，切削用量（v_c、f、a_p）选择合理</td><td>5</td><td></td><td></td></tr>
<tr><td>2</td><td colspan="2">加工程序规范、正确、简单</td><td>25</td><td></td><td></td></tr>
<tr><td rowspan="2">设备规范操作</td><td>3</td><td colspan="2">机床操作、维护保养正确，刀具和工件安装、拆卸正确规范</td><td>10</td><td></td><td></td></tr>
<tr><td>4</td><td colspan="2">文明生产（包括安全、行为规范、课堂纪律）</td><td>10</td><td></td><td></td></tr>
<tr><td rowspan="6">尺寸检测</td><td>5</td><td colspan="2">$\phi 30_{-0.039}^{0}$ 外圆</td><td>15</td><td></td><td></td></tr>
<tr><td>6</td><td colspan="2">$\phi 26_{-0.033}^{0}$ 外圆</td><td>10</td><td></td><td></td></tr>
<tr><td>7</td><td colspan="2">$\phi 36$ 外圆</td><td>5</td><td></td><td></td></tr>
<tr><td>8</td><td colspan="2">长度 20 mm</td><td>5</td><td></td><td></td></tr>
<tr><td>9</td><td colspan="2">长度 30 mm</td><td>5</td><td></td><td></td></tr>
<tr><td>10</td><td colspan="2">长度 40 mm</td><td>5</td><td></td><td></td></tr>
<tr><td>表面粗糙度</td><td>11</td><td colspan="2">$Ra1.6$</td><td>5</td><td></td><td></td></tr>
<tr><td colspan="5">综合得分</td><td></td><td></td></tr>
</table>

学习笔记

实训工单

阶梯轴类零件车削加工

专业	课程	班级	姓名	学号	考核成绩

安全要点	注意规范操作机床；禁止两人同时操作一台机床

一、知识总结

知识链接 1：内外圆柱面/圆锥面车削循环 G90 的指令格式是什么？

____

____

知识链接 2：根据下图写出外圆柱面车削循环指令 G90 的循环轨迹，并指出循环起点的确定方法。

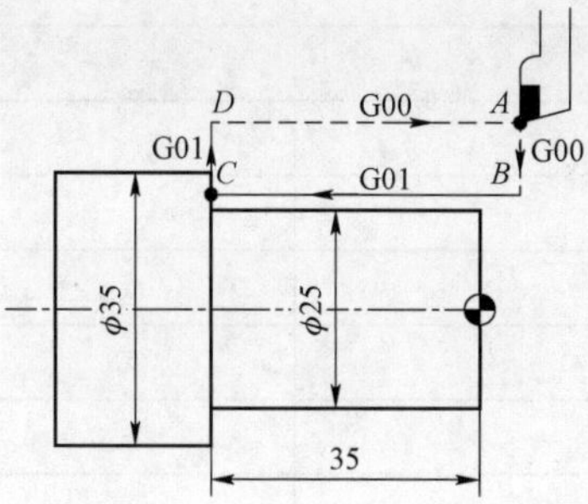

二、运用

任务要求：完成如下图所示工件的数控编程与加工。毛坯为ϕ40×100 棒料，材料型号为 45 号钢，根据零件的技术要求，制定加工工艺路线。

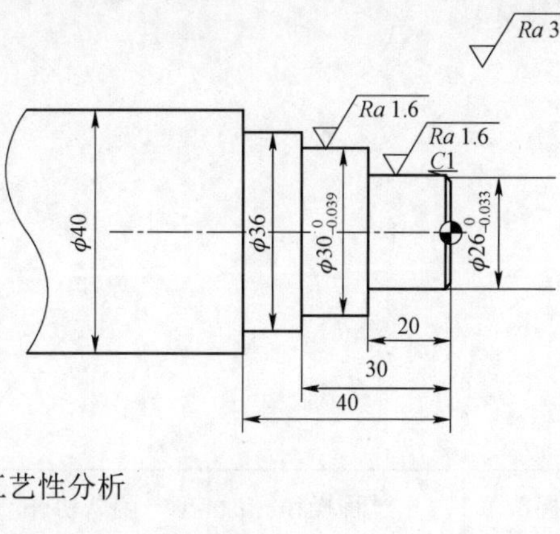

1. 零件的技术性和工艺性分析

（1）主要加工表面：______________________________

（2）ϕ30 外圆的公差等级为多少？ϕ26 外圆的公差等级为多少？（小提示：查表）

____

续表

（3）选用的刀具：

2. 制定零件的加工工艺路线

3. 编制程序

三、调试加工（上传仿真加工效果图）

四、成绩评定

评价等级	知识掌握	过程操作	团队协作	自主学习
指导教师		日期		

实训 2.3　圆弧曲面结构轴类零件车削加工

实训目标

1. 知识目标

（1）熟悉零件图分析方法，能够阅读零件图。

（2）掌握圆弧插补指令（G02、G03）的格式及相关参数的含义。

（3）掌握顺时针和逆时针圆弧插补的判断方法。

（4）掌握圆弧插补指令（G02、G03）的应用。

（5）会编写圆弧曲面结构轴类零件的精加工程序。

2. 技能目标

（1）会选择合理的切削用量。

（2）会判别圆弧的插补方向。

（3）根据零件图，完成圆弧曲面结构轴类零件精加工程序的编制、仿真及检验。

3. 素质目标

（1）培养学生注重细节、严谨求实的作风。

（2）培养精益求精的工匠精神。

（3）培养学生良好的职业道德，增强质量意识。

实训任务

完成如图 2-3-1 所示印章模型的精加工程序的编写。毛坯为ϕ35×80 棒料，材料型号为 7075 硬铝，零件结构由圆柱面和曲面组成。

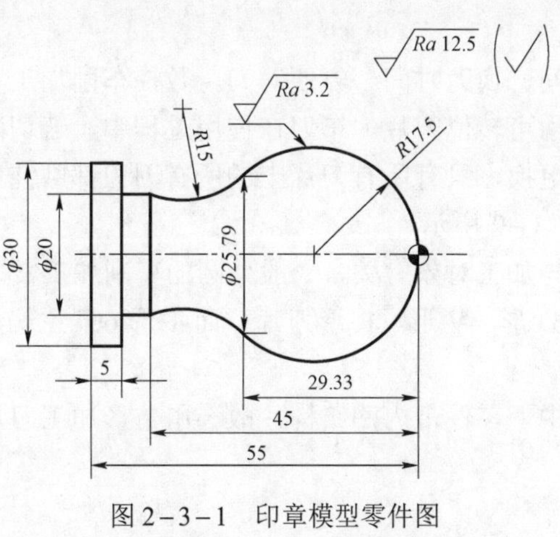

图 2-3-1　印章模型零件图

实训主要仪器设备

1. 试验仪器

（1）试验台：FANUC 0i mate－TC 系统数控机床。

（2）实训工具：三爪自定心卡盘、卡盘扳手、刀架扳手、垫刀片。

（3）测量工具：游标卡尺、外径千分尺。

2. 实训器材

（1）仿真器材：装有斯沃数控仿真软件的计算机 1 台。

（2）毛坯：ϕ35×80 棒料，材料型号为 7075 硬铝。

（3）刀具：35° 菱形刀片外圆车刀（主偏角为 90°，刀尖尖角 35°)、45° 端面车刀（主偏角）。

实训指导

1. 零件的技术性和工艺性分析

1）零件图分析

印章模型的结构简单，尺寸精度图纸未标，按 IT11 级处理，对表面粗糙度有一定的要求。如图 2－3－1 所示零件，其主要加工表面有零件的右端面、ϕ30 外圆、ϕ20 外圆、R17.5 圆弧曲面、R15 圆弧曲面。

（1）零件的右端面在长度方向上的尺寸为 55 mm，公差等级未标，按 11 级处理，表面粗糙度为 12.5，由表 2－1－1 可知，使用粗车就可以达到技术要求。

（2）ϕ30 外圆和ϕ20 外圆公差等级未标，按 11 级处理，表面粗糙度为 12.5，由表 2－1－1 可知，使用粗车就可以达到技术要求。

（3）R17.5 和 R15 圆弧曲面的表面粗糙度为 3.2，由表 2－1－1 可知，需要精车才能达到公差等级。

2）刀具选择

为了减少磨刀时间、换刀时间、方便对刀，数控车削加工大量采用机夹刀和机夹刀片，机夹刀片常采用可转位刀片。车刀在使用过程中，若切削刃磨钝，可通过转位刀片即可实现切削刃更换，只有所有刀片上的所有刀刃都磨钝后，才需要更换刀片。刀片具体型号如图 2－3－2 所示。

刀片形状的选择与加工对象有关，一般外圆的车削加工常采用 C 形、S 形、W 形刀片；仿形加工常用 D 形、V 形、R 形刀片；而 T 形 60° 主偏角的车刀，既可向左车削，也可向右车削。

在本次实训任务中，零件带内凹结构，故选用仿形加工刀片 V 形，如图 2－3－3 所示。

3）量具选择

（1）游标卡尺：测量范围，0～150 mm；测量精度，0.02 mm。

（2）外径千分尺：测量范围，25～50 mm；测量精度，0.01 mm。

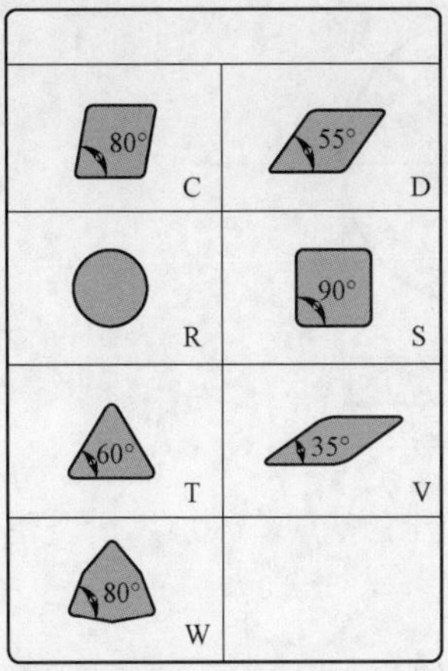

图 2-3-2　常用刀片型号

图 2-3-3　V 形刀片

2. 制定零件的加工工艺路线

1）定位基准的选择

在本次实训任务中，台阶轴只需加工一端，工件的粗基准为ϕ35 毛坯外圆，选用三爪自定心卡盘，装夹工件时，工件伸出长度应该至少比零件加工长度长 5 mm，否则车刀会撞到三爪自定心卡盘。本次实训任务中不需要考虑精基准。

2）加工工艺路线的确定

在本次实训任务中，印章模型的精车路线为：

R15 曲面圆弧—R17.5 曲面圆弧—ϕ20 外圆—ϕ30 外圆

3）切削用量的选择

考虑到初学数控机床加工，切削用量的选择应尽可能较小，这里要求只写精加工的加工程序，故只需确定精加工的切削用量。在本次实训任务中，精加工背吃刀量为 0.3 mm，主轴转速为 800 r/min，进给速度为 0.1 mm/r。

3. 相关参数的数值计算

1）建立工件坐标系

数控机床工件坐标系原点一般设定在工件右端面与轴线的交点上，故在本次实训任务中，工件坐标系原点设置在右端面中心位置 A 点处，如图 2-3-4 所示。

2）工件上基点和工艺点的确定

在本次实训任务中，基点为 A、B、C、D、E、F，如图 2-3-4 所示，其绝对坐标值见表 2-3-1。以刀具上的刀尖点为刀位点编程。在本次实训任务中，进刀点为（37，3）。

表 2-3-1　印章模型上基点的绝对坐标值

基点	基点 A	基点 B	基点 C	基点 D	基点 E	基点 F
绝对坐标值	（0，0）	（25.79，−29.33）	（20，−45）	（20，−50）	（30，−50）	（30，−55）

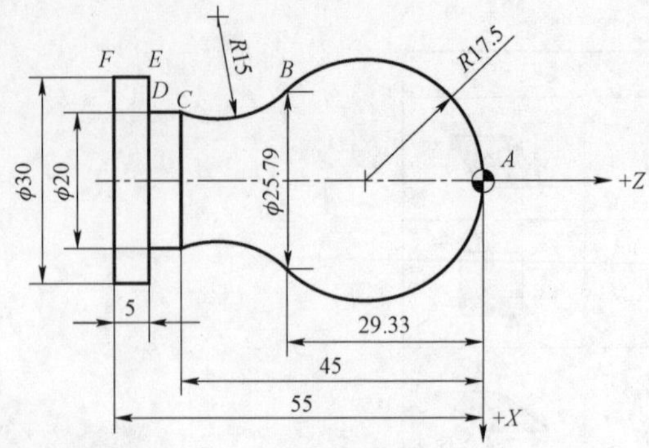

图 2－3－4　印章模型上的基点

4. 编制零件的精加工程序

图 2－3－1 所示印章模型加工程序见表 2－3－2。

表 2－3－2　印章模型加工程序

O2022;	程序名
G00X100Z100;	刀具快速移动至换刀点
T0101	精加工 T01 号刀，对应 01 号刀补
M03S800;	主轴正转，转速为 800 r/min（精加工）
G00X37Z3;	刀具快速移动至 X37 Z3 进刀点位置处
X0;	刀具快速移动至 X0Z3 处
G01Z0F0.1;	刀具在 X0 处沿着 *Z* 轴负方向进刀至 Z0 处
G03X25.797Z－29.33R17.5F0.1;	刀具沿着逆时针圆弧走刀至 *R*17.5 圆弧终点 *B* 点
G02X20Z－45R15F0.1;	刀具沿着顺时针圆弧走刀至 *R*15 圆弧终点 *C* 点
G01Z－50;	刀具在 X20 处沿着 *Z* 轴负方向走刀至 Z－50 处
X30;	刀具在 Z－50 处沿着 *X* 轴正方向走刀至 X30 处
Z－55	刀具在 X30 处沿着 *Z* 轴负方向走刀至 Z－55 处
X37	刀具沿着 *X* 轴退刀至 X37 处
G00X100Z100;	刀具快速退回换刀点位置
M05;	主轴停止
M30;	程序结束

5. 输入程序，调试程序，完成零件的加工

仿真加工.mp4

在斯沃数控仿真软件上检验程序路径并仿真，结果如图 2－3－5 所示。

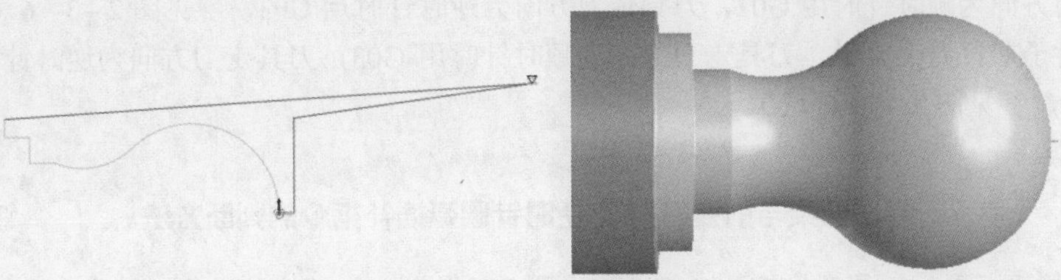

图 2-3-5　印章模型零件加工编程路径与仿真加工效果

知识点链接

指令 G02、G03 格式讲解.mp4

1. 圆弧插补指令 G02 和 G03

圆弧插补指令 G02 和 G03 使得刀具以设定的进给速度沿圆弧方向进行切削加工。数控车削加工刀具只在 *ZX* 平面中走刀圆弧。

顺时针圆弧插补指令 G02 格式为：

G02X（U）____Z（W）____R____F____;
G02X（U）____Z（W）____I____K______F____;

逆时针圆弧插补指令 G03 格式为：

G03X（U）____Z（W）____R____F____;
G03X（U）____Z（W）____I____K______F____;

其中，X、Z 表示绝对值编程时圆弧终点的坐标值；U、W 表示增量值编程时，圆弧终点相对于起点的增量值（位移量）；R 表示圆弧的半径，当圆弧的圆心角在 0°～180°时，取正值；当圆弧的圆心角在 180°～360°时，取负值；I、K 表示圆心在 *X*、*Z* 方向上相对于圆弧起点的坐标增量（用半径值表示），也就是圆心的坐标值减去圆弧起点的坐标值，F 表示进给速度。

注：（1）指定半径的圆弧插补指令一般在手动编程中用得较多；
（2）I、K 若等于零，可以省略；
（3）指定圆心方式的圆弧插补指令，一般在自动编程中用得较多。

2. 顺/逆时针圆弧插补指令的判断

如图 2-3-6 所示的零件轮廓，工件坐标系原点在工件右端面的中心处，工件从右向左加工，参见图 2-3-6 中的箭头方向。对于后置刀架，在工件坐标系下，刀具走刀方向为顺时针时用 G02，刀具走刀方向为逆时针时用 G03，参见图 2-3-6（a）。但对于前置刀架来说，刀具走刀方向为顺时针时用 G03，刀具走刀方向为逆时针时用 G02，参见图 2-3-6（b）。

后置刀架与前置刀架顺/逆时针圆弧插补指令的判断方法

同一零件不管采用后置刀架还是前置刀架车削，判断结果都是一样的，故不考虑前置、后置刀架，一律以工件的上半部分圆弧为基准，刀具走刀方向为顺时针时用 G02，刀具走刀方向为逆时针时用 G03。

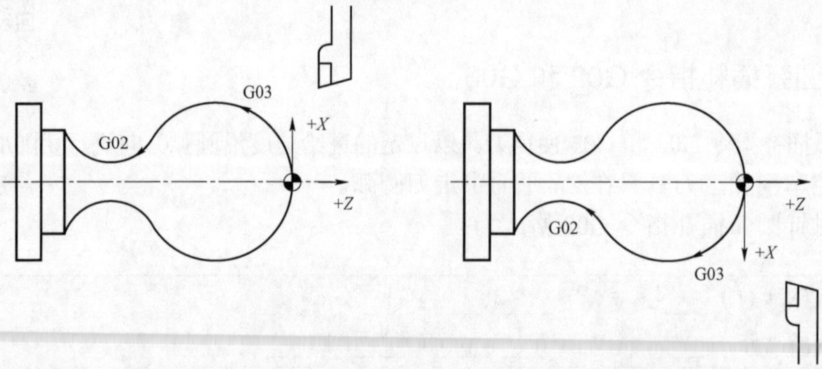

(a) 后置刀架　　(b) 前置刀架

图 2-3-6　后置刀架与前置刀架顺/逆时针圆弧插补指令的判断

例如，如图 2-3-7 所示，选右端面中心为工件坐标系原点，刀具刀尖从起点运动到终点，假设机床默认进给速度为每转进给速度（mm/r），程序如下。

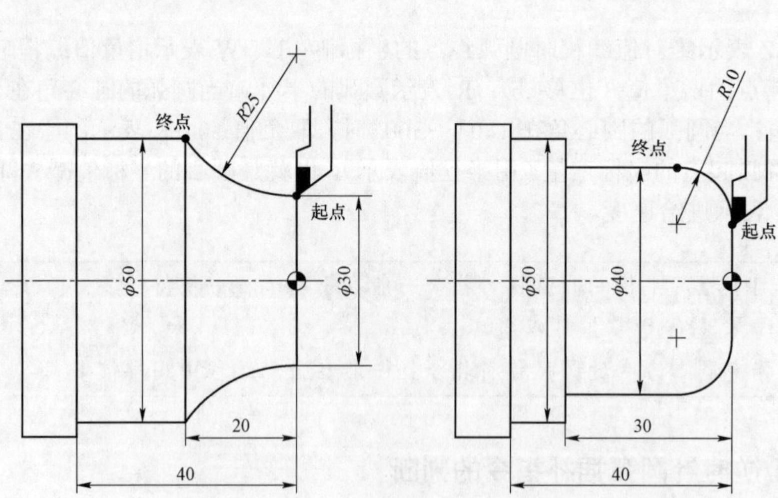

(a) G02（顺时针）　　(b) G03（逆时针）

图 2-3-7　圆弧插补指令示例

指定半径的顺时针圆弧插补指令 G02 编程：

G02 X50 Z－20 R25 F0.1；

G02 U20 W－20 R25 F0.1；

指定圆心坐标的顺时针圆弧插补指令 G02 编程：

G02 X50 Z－20 I25 K0 F0.1；

G02 U20 W－20 I25 K0 F0.1；

指定半径的逆时针圆弧插补指令 G03 编程：

G03 X40 Z－10 R10 F0.1；

G03 U20 W－10 R10 F0.1；

指定圆心坐标的逆时针圆弧插补指令 G03 编程：

G03 X40 Z－10 I0 K－10 F0.1；

G03 U20 W－10 I0 K－10 F0.1；

指令说明：

（1）圆弧插补指令判断一律以工件的上半部分圆弧为基准。

（2）指定半径的圆弧插补指令编程时，只适用于非整圆的圆弧插补。

（3）若程序段中同时出现 I、K 和 R，以 R 优先，I、K 无效。

思考题

1. 如何判断顺时针圆弧插补指令 G02 和逆时针圆弧插补插补指令 G03？前置刀架与后置刀架的判断方法是否一致？

2. 试编写如图 2－3－8 所示零件轮廓的精加工程序。

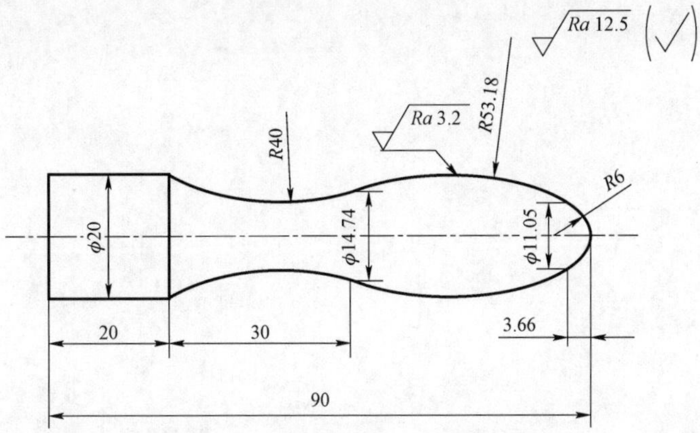

图 2－3－8　圆弧曲面加工编程练习图

扩展阅读·工匠精神

方文墨，航空工业沈阳飞机工业（集团）有限公司标准件中心钳工，高级技师，方文墨班班长。

飞机是高精尖的特殊产品，对于每个零部件，不仅要求其本身的精度要达到头发丝的几分之一甚至是十几分之一，而且还要保证装配和拆卸毫无障碍，对质量和技术的要求都极高。他所在的标准件中心生产的零件，就好比是把飞机成千上万个零部件连接成一个整体的“黏接剂”，方文墨班就负责为这些“黏接剂”做最后一道手工精密加工。工作的高要求促使他在实际操作中不断总结经验，先后解决了生产方面的诸多瓶颈问题，并获得 12 项国家发明专利和实用新型专利。通过多年的工作实践，他的徒弟也先后取得各种级别的钳工工种技能竞赛冠军，使钳工技能从 80 后向 90 后有了时代的交接。2019 年，方文墨被中央宣传部和中华全国总工会授予“最美职工”荣誉称号。方文墨创造的“0.003 mm 加工公差”被称为“文墨精度”。

技能改变命运。方文墨说：“只要我们肯吃苦，耐得住寂寞，刻苦练习，钻研技能，我们就可以用技能的精度，改变人生的高度。”

讨论：在阅读完上述案例之后，你有什么感受？

实训步骤

实训步骤	实训具体内容
步骤一　准备工作	准备毛坯、刀具、量具，机床开机
步骤二　工件安装	将棒料装夹在三爪自定心卡盘上，伸出 60 mm
步骤三　刀具安装	将外圆车刀按照程序要求装于 01 号刀位，刀具伸出量一般为刀杆高度的 2～1.5 倍。车刀刀尖应与工件轴线等高，若刀尖偏低，应选用合适的垫刀片垫高。车刀的主切削刃与工件轴线之间的夹角应等于或略大于 90°，否则车出来的台阶面与工件轴线不能满足垂直关系
步骤四　采用试切法对刀	*X*、*Z* 轴方向均采用试切法对刀，将对刀操作的数据输入到 01 号刀补中，然后验证对刀信息的准确性，验刀程序如下。 （1）在 MDI 模式下输入以下程序段： T0101; G00X50Z0; 检验对刀运行结果，如图 2－3－9 所示。 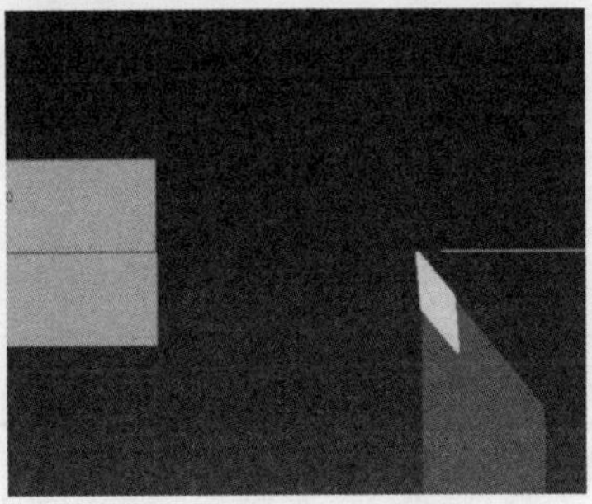 图 2－3－9　检验对刀运行结果 将进给倍率调到最小，按下循环启动按钮。若刀具不按照设定位置（50，0）方向移动，按下急停按钮，重新对刀。 （2）检验刀尖距离工件右端面是否为 50 mm，检验刀具刀尖是否和工件的轴线共线
步骤五　程序输入	在编辑模式下，输入程序并检查
步骤六　零件加工	打开程序，选择自动模式，调好进给倍率，按循环启动按钮进行加工
步骤七　零件检测	工件尺寸：外圆 $\phi 30$、$\phi 20$
步骤八　实训室清洁	加工结束，整理工具、量具、刀具，清理机床切屑，做好机床日常保养，搞好实训室卫生，养成良好的安全、文明生产习惯

零件检测与评分

零件加工结束后进行零件检测，检测评分标准见表 2－3－3。

表 2－3－3　圆弧曲面结构轴类零件车削加工评分表

<table>
<tr><td>学号</td><td colspan="2"></td><td>姓名</td><td></td><td>班级</td><td></td></tr>
<tr><td>任务</td><td colspan="4">圆弧曲面结构轴类零件车削加工</td><td>零件图号</td><td>图 2－3－1</td></tr>
<tr><td>考核模块</td><td>序号</td><td colspan="2">检测内容</td><td>分值</td><td>学生自评</td><td>教师评分</td></tr>
<tr><td rowspan="2">工艺设计及编程</td><td>1</td><td colspan="2">加工工艺制定合理，切削用量（v_c、f、a_p）选择合理</td><td>5</td><td></td><td></td></tr>
<tr><td>2</td><td colspan="2">加工程序规范、正确、简单</td><td>25</td><td></td><td></td></tr>
<tr><td rowspan="2">设备规范操作</td><td>3</td><td colspan="2">机床操作、维护保养正确，刀具和工件安装、拆卸正确规范</td><td>10</td><td></td><td></td></tr>
<tr><td>4</td><td colspan="2">文明生产（包括安全、行为规范、课堂纪律）</td><td>10</td><td></td><td></td></tr>
<tr><td rowspan="3">尺寸检测</td><td>5</td><td colspan="2">ϕ30 外圆</td><td>15</td><td></td><td></td></tr>
<tr><td>6</td><td colspan="2">ϕ20 外圆</td><td>15</td><td></td><td></td></tr>
<tr><td>7</td><td colspan="2">长度 5 mm</td><td>10</td><td></td><td></td></tr>
<tr><td>表面粗糙度</td><td>8</td><td colspan="2">Ra3.2</td><td>10</td><td></td><td></td></tr>
<tr><td colspan="5">综合得分</td><td></td><td></td></tr>
</table>

实训工单

圆弧曲面结构轴类零件车削加工

专业	课程	班级	姓名	学号	考核成绩
安全要点	注意规范操作机床；禁止两人同时操作一台机床				

一、知识总结

知识链接 1：圆弧插补指令 G02 和 G03 的指令格式是什么？R、I、K 分别表示什么？

____

____

____

知识链接 2：写出顺时针圆弧插补指令 G02、逆时针圆弧插补指令 G03 的判断方法。

____

____

____

二、运用

任务要求：完成如下图所示手柄模型精加工程序的编写。毛坯为ϕ30×120 棒料，材料型号为 7075 硬铝，零件结构由圆柱面和曲面组成。

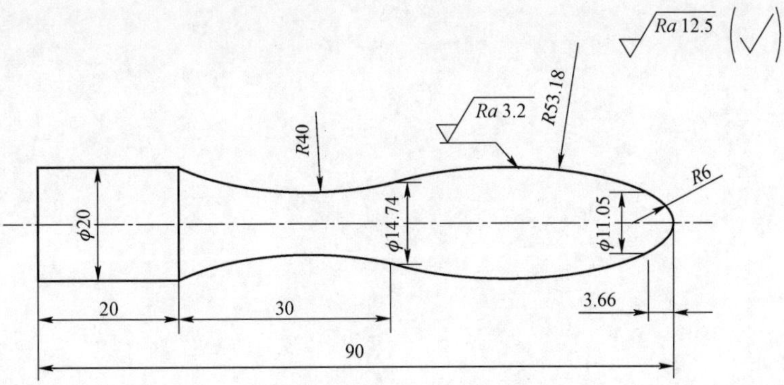

1. 零件的技术性和工艺性分析

（1）主要加工表面：________________________

（2）选用的刀具：________________________

续表

2. 编制轮廓精加工程序

3. 调试加工（上传精加工刀路）

三、成绩评定

<table>
<tr><td>评价等级</td><td>知识掌握</td><td>过程操作</td><td>团队协作</td><td>自主学习</td></tr>
<tr><td></td><td></td><td></td><td></td><td></td></tr>
<tr><td>指导教师</td><td colspan="2"></td><td colspan="1">日期</td><td></td></tr>
</table>

实训 2.4　轴类零件外轮廓复合循环车削加工

实训目标

1. 知识目标

（1）掌握内外圆粗、精车循环指令 G71、G70 的指令格式、各参数的含义、精加工轮廓的描述及循环起点的确定。

（2）能根据加工要求合理确定各参数值，正确应用 G71、G70 指令编写零件粗、精加工程序。

2. 技能目标

（1）能根据实际切削状况，合理选择切削用量。

（2）能根据加工需要正确选择和熟练应用相关量具。

（3）能正确分析尺寸精度误差产生的原因。

3. 素质目标

（1）培养学生注重细节、精益求精的工匠精神。

（2）培养学生坚强毅力、自信心、认真负责的工作态度、团队合作精神、人际交往能力，形成良好的职业素养。

实训任务

完成如图 2-4-1 所示工件的数控编程与加工。毛坯为 ϕ40×100 棒料，材料型号为 45 号钢。

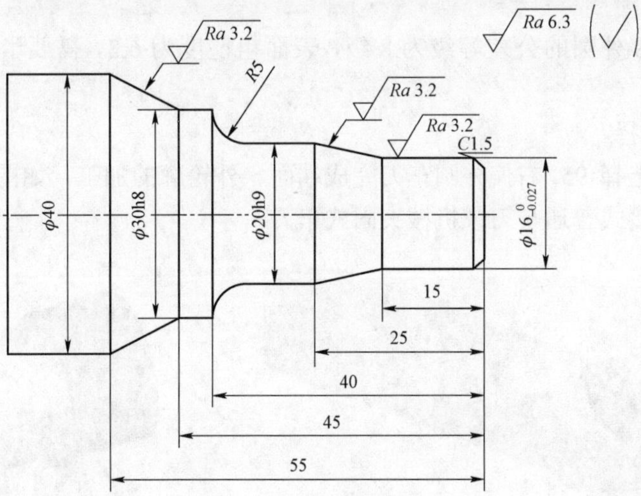

指令 G71 应用案例.mp4

图 2-4-1　轴类零件图

实训主要仪器设备

1. 试验仪器

（1）试验台：FANUC 0i mate－TC 系统数控机床。

（2）实训工具：三爪自定心卡盘、卡盘扳手、刀架扳手、垫刀片。

（3）测量工具：游标卡尺、外径千分尺。

2. 实训器材

（1）仿真器材：装有斯沃数控仿真软件的计算机 1 台。

（2）毛坯：ϕ40×100 棒料，材料型号为 45 号钢。

（3）刀具：95° 外圆车刀（主偏角为 95° ）。

实训指导

1. 零件的技术性和工艺性分析

1）零件图分析

本次实训任务中的零件结构较为复杂，对精度、表面粗糙度也有一定要求。对于如图 2－4－1 所示零件，其主要加工表面有零件的右端面、$\phi16^{0}_{-0.027}$ 外圆、ϕ20h9 外圆、ϕ30h8 外圆、C1.5 倒角和 R5 圆角。

（1）零件的右端面在长度方向上的尺寸公差等级为 11 级，表面粗糙度最小为 3.2，使用半精车就可以达到技术要求。

（2）$\phi16^{0}_{-0.027}$ 外圆的公差等级为 8 级，表面粗糙度为 3.2，需要半精车才能达到公差等级。

（3）ϕ20h9 外圆的公差等级为 9 级，表面粗糙度为 6.3，需要半精车才能达到公差等级。

（4）ϕ30h8 外圆的公差等级为 8 级，表面粗糙度为 6.3，需要半精车才能达到公差等级。

2）刀具选择

本次实训选择 95° 右偏外圆车刀完成端面、外轮廓的加工，如图 2－4－2 所示。车刀可选用焊接式普通车刀或机械夹固式车刀。

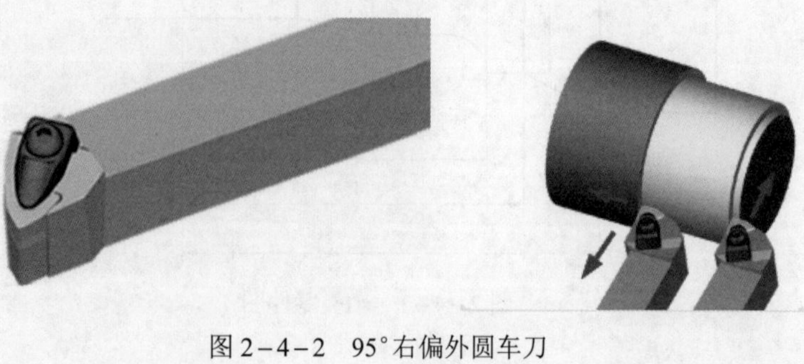

图 2－4－2　95° 右偏外圆车刀

3）量具选择

（1）游标卡尺：测量范围，0～150 mm；测量精度，0.02 mm。

（2）外径千分尺：测量范围，25～50 mm；测量精度，0.01 mm。

2. 制定零件的加工工艺路线

1）定位基准的选择

本实训任务只需加工一端，工件的粗基准为$\phi 40$的毛坯外圆，选用三爪自定心卡盘，装夹工件时，工件伸出长度应该至少比零件加工长度长 5 mm，否则车刀会撞到三爪自定心卡盘。该工件伸出长度大于或等于 60 mm。

2）加工工艺路线的确定

本实训任务采用一次装夹用粗车循环指令依次完成 *C*1.5 倒角、$\phi 16^{0}_{-0.027}$外圆、锥面 1，ϕ20h9 外圆、*R*5 圆弧、ϕ30h8 外圆及锥面 2 的粗加工，再用精车循环指令完成精加工，粗、精加工的循环起点为（42，3）。

3）切削用量的选择

在本次实训任务中，考虑到初学数控机床加工，切削用量选择应尽可能较小，相关切削用量的选择见表 2－4－1。

表 2－4－1　轴外轮廓切削用量

刀具名称	加工阶段	主轴转速/（r/min）	进给速度/（mm/r）	背吃刀量/mm
95°右偏外圆车刀	粗加工	500	0.2	2
	精加工	800	0.1	0.3

3. 相关参数的数值计算

1）建立工件坐标系

数控机床工件坐标系原点一般设定在工件右端面与轴线的交点上。

2）工件上基点和工艺点的确定

在本次实训任务中，基点为 *A*、*B*、*C*、*D*、*E*、*F*、*G*，如图 2－4－3 所示，其绝对坐标值见表 2－4－2。刀位点取刀具上的刀尖点。在本次实训任务中，进刀点为（42，3）。

表 2－4－2　轴类零件上基点的绝对坐标值

基点	基点 *A*	基点 *B*	基点 *C*	基点 *D*	基点 *E*	基点 *F*	基点 *G*
绝对坐标值	（13，0）	（16，－1.5）	（16，－15）	（20，－25）	（30，－40）	（30，－45）	（40，－55）

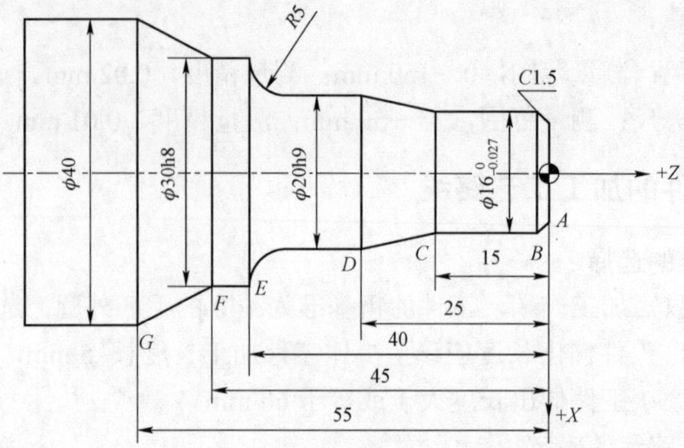

图 2－4－3　轴类零件上的工件坐标系和基点

4. 编制零件的加工程序

图 2－4－1 所示轴类零件车削加工程序见表 2－4－3。

表 2－4－3　轴类零件车削加工程序

O2025;	程序名
G99G40;	初始化为每转进给
T0101;	选择 1 号刀和 01 号刀补
M03S500;	主轴正转，转速为 500 r/min
G00X42Z3;	01 号刀快速移动至进刀点
G71U2R1;	粗加工循环，加工参数设定，每层切深为 2 mm，退刀量为 1 mm
G71P10Q20U0.5W0.1F0.2	轮廓循环从 N10 到 N20，*X* 方向精加工余量为 0.5 mm，*Z* 方向精加工余量为 0.1 mm，粗切进给速度为 0.2 mm/r
N10G00X13;	
G01Z0;	
X16Z－1.5;	
Z－15;	
X20Z－25;	精加工轮廓程序
Z－35;	
G02X30Z－40R5;	
G01Z－45;	
X40Z－55;	
N20X43;	

续表

G00X100Z100;	回换刀点
M03S900;	主轴变速
T0101;	选择 1 号刀和 01 号刀补
G00X42Z3;	将 01 号刀快速移动至进刀点
G70P10Q20F0.1;	精加工循环，精切进给速度为 0.1 mm/r
G00X100Z100;	刀具回换刀点
M05;	主轴停止
M30;	程序结束

5. 输入程序，调试程序，完成零件的加工

在斯沃数控仿真软件上检验程序路径并仿真，结果如图 2－4－4 所示。

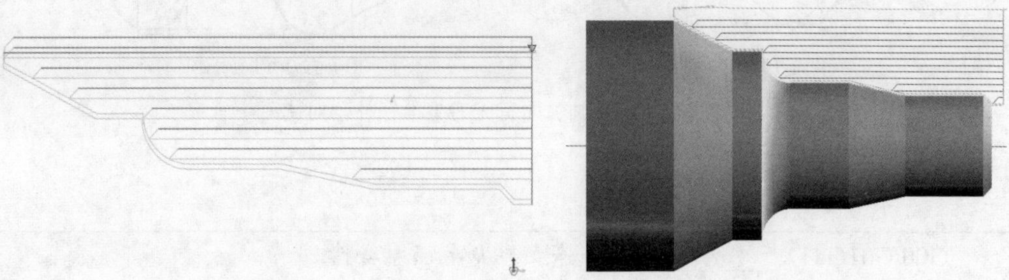

图 2－4－4　轴类零件加工编程路径与仿真加工效果

知识点链接

1. 刀尖半径补偿指令 G40、G41、G42

在车削外圆和断面时，刀具的实际轨迹与零件的轮廓一致，但在加工锥形和圆弧形工件时，会出现欠切削或过切现象，从而引起加工形状和尺寸误差，使得圆弧面和圆锥面精度达不到技术要求。由于刀尖的圆度，只用刀具偏置很难对精密零件进行所必需的补偿，而刀尖半径补偿功能自动补偿这种误差。

数控车削编程时，刀尖点是假想的，实际上刀尖并不存在，如图 2－4－5（a）中的 *A* 点。刀尖半径中心点如图 2－4－5（b）所示，它真实存在，但实际的刀尖半径中心设在起始位置，要比将假想刀尖设在起始位置困难得多，因而需要假想刀尖。当使用假想刀尖时，编程时不需要考虑刀尖半径。图 2－4－6 为圆弧面有无刀尖半径补偿对比，可以看出，当车圆弧面无刀尖半径补偿时，圆弧位置处有明显的过切现象；反之，则无过切现象。

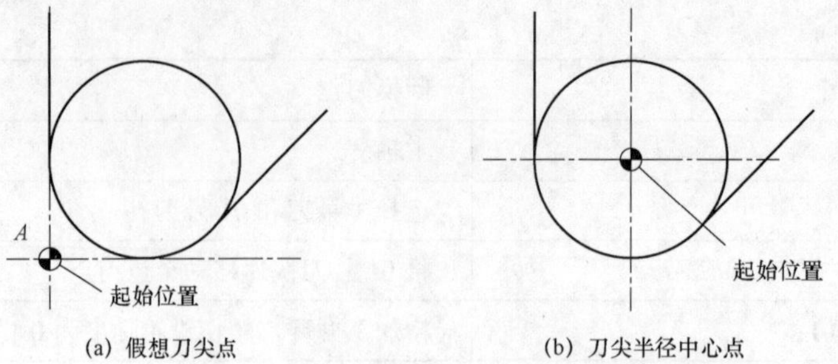

图 2-4-5　刀尖半径中心和假想刀尖

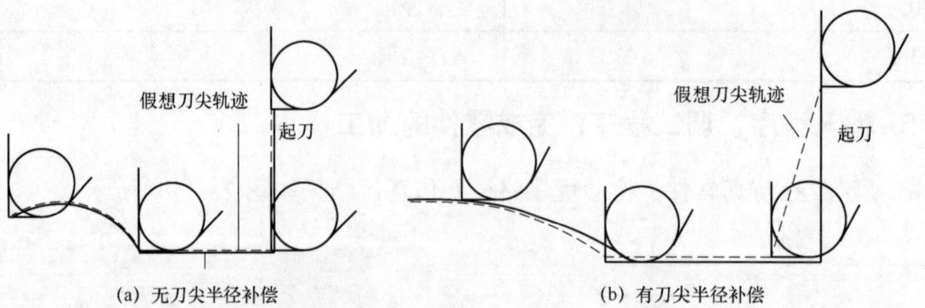

图 2-4-6　圆弧面有无刀尖半径补偿对比

1）指令格式

G00/G01G41X____Z_____;	建立刀尖半径左补偿。
G00/G01G42X　　Z　___;	建立刀尖半径右补偿。
G00/G01G40X____Z_____;	取消刀尖半径补偿。

2）刀尖半径补偿方向判断

刀尖半径左补偿和右补偿的判别方法是，在补偿平面内，沿着加工方向，刀具在轮廓左侧为左补偿 G41，刀具在轮廓右侧为右补偿 G42。图 2-4-7 为前置刀架和后置刀架时刀尖半径补偿判定结果，当加工方向是从右向左时，车削外圆时都是刀尖半径右补偿 G42，车削内孔时都是刀尖半径左补偿 G41。

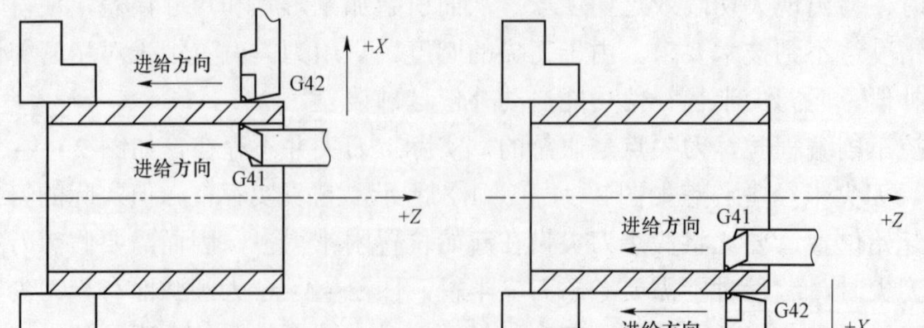

图 2-4-7　前置刀架和后置刀架时刀尖半径补偿判定结果

注意：

（1）G40、G41、G42 为模态指令。

（2）G41 和 G42 不能同时使用，若要切换，必须先用 G40 取消刀尖半径补偿，然后重新建立刀尖半径补偿。

（3）刀尖半径补偿粗加工阶段一般取 0.8 mm 左右，半精加工阶段取 0.4 mm 左右，精加工阶段取 0.2 mm 左右。

（4）刀尖半径补偿一般设置在快速定位的进刀点，若用循环指令，设置在循环起点，如图 2-4-8 中的 *A* 点。

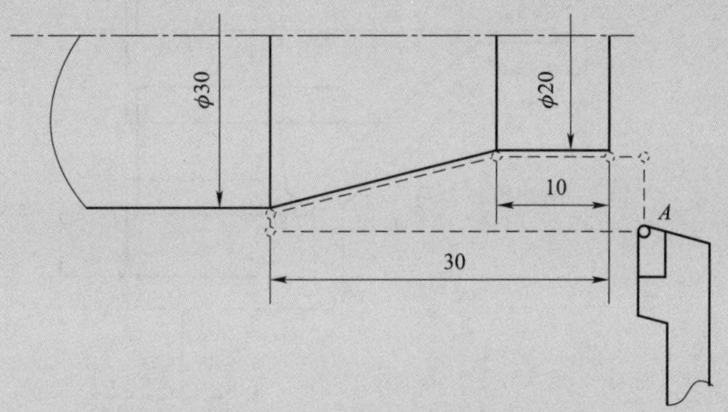

图 2-4-8　刀具半径补偿建立位置图

2. 内外圆粗车循环指令 G71

指令 G71 格式讲解.mp4

1）指令格式

```
G71 U（Δd）R（e）
G71 P（ns）Q（nf）U（Δu）W（Δw）F__S__T__
N（ns）
…
N（nf）
```

2）指令功能

G71 指令为内外圆粗车复合循环指令，用于多次走刀完成加工的场合。利用 G71 指令时，只要编写出最终走刀路线，给出每次切削背吃刀量，机床即可自动完成重复切削，直到加工完毕。它适用于毛坯棒料粗车外径和粗车内径。G71 指令用于粗车时，要留有一定的精车余量。

3）走刀路线

图 2-4-9 为 G71 粗车外圆的加工路线，切除棒料毛坯大部分加工余量，切削沿平行 *Z* 轴方向进行，刀具从循环起点 *A* 开始，快速退至 *C* 点，退刀量由Δw 和Δu/2 确定；再快速沿 *X* 轴方向进给Δd 深度，按照 G01 切削加工，然后沿 45° 方向快速退刀，*X* 轴方向退刀量为 e，再沿 *Z* 轴方向快速退刀，第一次切削加工结束；再沿 *X* 轴方向进行第二次切削加工，进给速度为 e+Δd，如此循环直至粗车结束。再进行平行于精加工表面的半精加工，刀具沿精加工表面分别留Δw 和Δu/2 的加工余量。半精加工完成后，刀具快速退至循环起点，结束粗车循环所有动作。

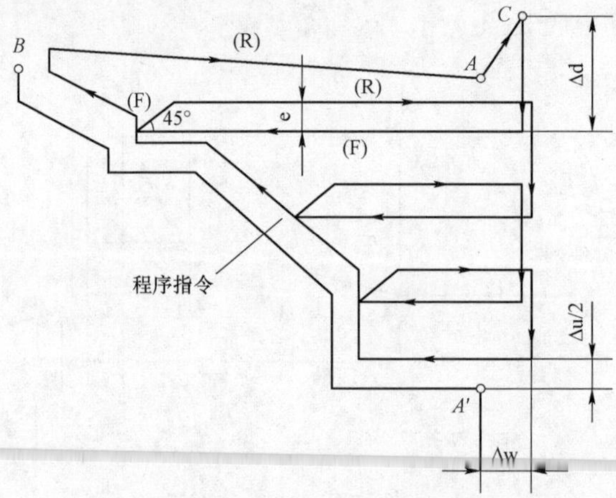

（F）—切削进给；（R）—快速移动。

图 2-4-9 G71 粗车外圆的加工路线

4）指令说明

Δd——每次切削深度（半径值），无正负号（沿垂直轴线方向，即图 2-4-9 中的 *AA′* 方向）；

e——退刀量（半径值），无正负号；

ns——精加工路线第一个程序段的顺序号；

nf——精加工路线最后一个程序段的顺序号；

Δu——*X* 轴方向的精加工余量，直径值；

Δw——*Z* 轴方向的精加工余量。

注意：

（1）Δd 和Δu 均由地址 U 指定，其区别在于该程序段中有无地址 P，Q。

（2）在使用粗加工循环时，包含在段号 ns 和 nf 之间的所有 F 值、S 值和 T 功能对粗加工循环均是无效的。另外，也可以不加指定而沿用前面程序段中的 F 值、S 值和 T 功能，并可沿用至粗、精加工结束后的程序中去。

（3）常用 G71 指令加工的工件形状，有如图 2-4-10 所示两种情况。

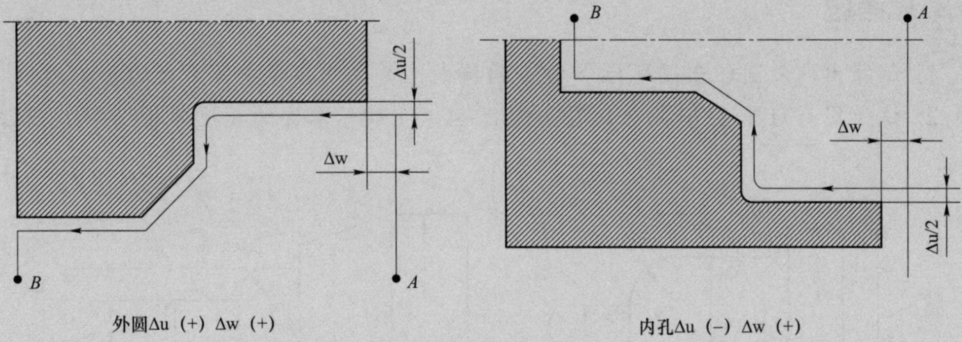

图 2–4–10　常用 G71 指令加工的工件形状

（4）*A* 和 *A'* 之间的刀具轨迹在包含 G00 或 G01 顺序号为 ns 的程序段中指定，在这个程序段中不能指定 *Z* 轴的运动指令，否则会出现程序报警。

（5）*A'* 和 *B* 之间的刀具轨迹可以是直线，也可以是圆弧，在 *X* 和 *Z* 轴方向必须单调递增或单调递减。

（6）粗加工循环结束后，刀具自动退回 *A* 点。

3. 内外圆精车循环指令 G70

1）指令格式

G70 P（ns）Q（nf）

2）指令说明

（1）当用 G71 指令粗车工件后，用 G70 指令精车循环，切除粗加工留下的余量。

（2）ns 为精加工路线第一个程序段的顺序号，nf 为精加工路线最后一个程序段的顺序号。

（3）精车循环中的 G71 程序段中的 F，S，T 指令都无效，只有在 ns～nf 之间指定的 F，S，T 才有效。

（4）当 G70 指令循环加工结束时，刀具返回到起点并按下一个程序段运动。

思考题

1. 试写出内外圆粗车循环指令 G71 的格式，并说明指令中各参数的含义。
2. 试采用 G71 和 G70 指令编写如图 2-4-11 所示零件的数控车削程序。

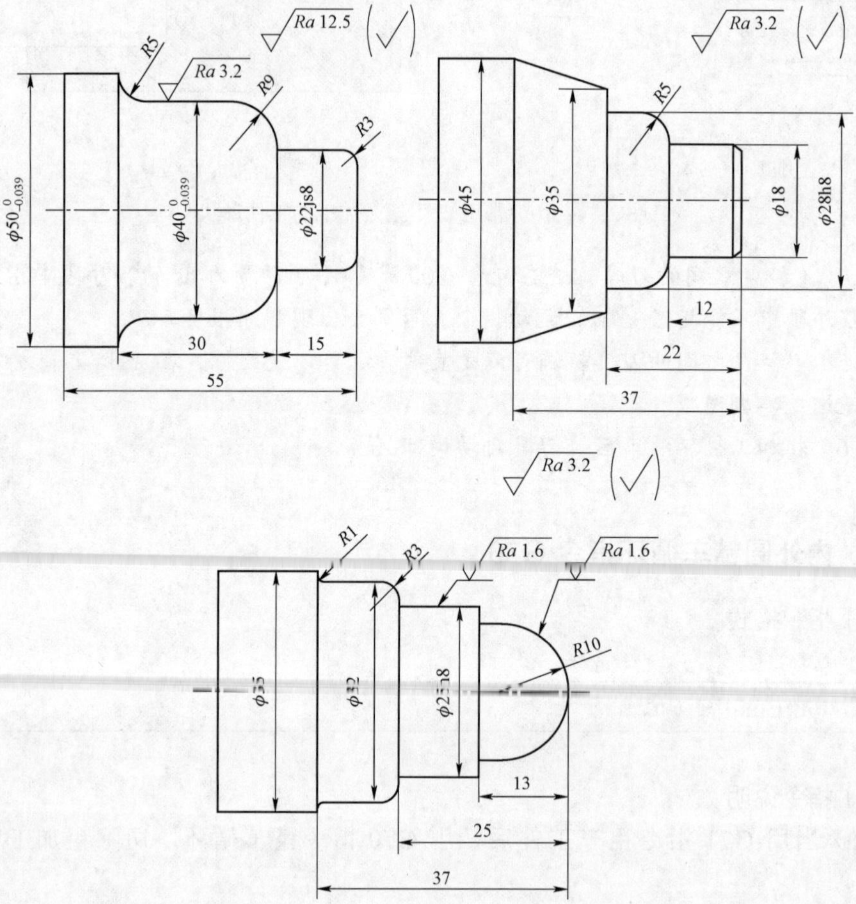

图 2-4-11　G71 和 G70 指令编程练习图

扩展阅读 · 工匠精神

王保森是中国航天科工二院 699 厂的车削加工技术带头人，因为在导弹部分零部件组件及装卸车上需要大量应用该种技术，所以，王保森总是把自己的工作比喻成“给导弹安家”，“我们负责给导弹穿上外套、装上支架，使它能够更便捷、精密地装卸，为成功发射提供保障”。

在半手工式的设备上，王保森用自己那股精益求精的“手艺人”精神，攻克了一个个技术难题。早些年，某型号发射车起竖油缸要求凹凸球之间达到精密配合，而当时的机床精度有限，团队试了几次都无法克服误差缺陷。为此，王保森专门改进了数控机床的程序编制，并摸索出了一套专用的刀具修磨技术，最终完成了凹凸球尺寸和精度的双重“苛刻”要求。经测量，他加工的成品精度甚至高于设计精度 30%。

军工行业有着特殊的工艺要求，熟练的车工通过选择和控制刀具的切面、弧度，一下子就能找到加工点，做出漂亮的作品。这种熟练建立在对刀具非常了解的基础上，而工匠所有的记忆和感觉，都在手上。“没有捷径，就是一遍遍地练，基本功扎实了，解决问题才能更加得心应手。”王保森说。

怎么理解“工匠精神”？最后，699 厂车间的航天手艺人们面对这个问题时，都不约而同地以四个字作答：“做到极致。”

讨论：在阅读完上述案例后，你有什么感受？

实训步骤

实训步骤	实训具体内容
步骤一　准备工作	准备毛坯、刀具、量具，机床开机
步骤二　工件安装	将棒料装夹在三爪自定心卡盘上，伸出 20 mm
步骤三　刀具安装	将外圆车刀按照程序要求装于 01 号刀位，刀具伸出量一般为刀杆高度的 2～1.5 倍；车刀刀尖应与工件轴线等高；若刀尖偏低应选用合适的垫刀片垫高；车刀的主切削刃与工件轴线之间的夹角应等于或略大于 90°，否则车出来的台阶面与工件轴线不能满足垂直关系
步骤四　采用试切法对刀	*X*、*Z* 轴方向均采用试切法对刀，将对刀操作的数据输入到 01 号刀补中，然后验证对刀信息的准确性，验刀程序如下。 （1）在 MDI 模式下输入以下程序段： T0101； G00X50Z0； 将进给倍率调到最小，按下循环启动按钮。若刀具不按照设定位置（50，0）方向移动，按下急停按钮，重新对刀。 （2）检验刀尖距离工件右端面是否为 50 mm，检验刀具刀尖是否和工件的轴线共线
步骤五　程序输入	在编辑模式下，输入程序并检查
步骤六　零件加工	打开程序，选择自动模式，调好进给倍率，按循环启动按钮进行加工
步骤七　零件检测	工件尺寸：外圆 $\phi16$、$\phi20$、$\phi30$，长度 15 mm、25 mm、40 mm、45 mm、55 mm
步骤八　实训室清洁	加工结束，整理工具、量具、刀具，清理机床切屑，做好机床日常保养，搞好实训室卫生，养成良好的安全、文明生产习惯

零件检测与评分

零件加工结束后进行零件检测，检测评分标准见表 2-4-4。

表 2-4-4　轴类零件车削加工评分表

学号		姓名		班级	
任务	轴类零件车削加工			零件图号	图 2-2-1
考核模块	序号	检测内容	分值	学生自评	教师评分
工艺设计及编程	1	加工工艺制定合理，切削用量（v_c、f、a_p）选择合理	5		
	2	加工程序规范、正确、简单	25		
设备规范操作	3	机床操作、维护保养正确，刀具和工件安装、拆卸正确规范	10		
	4	文明生产（包括安全、行为规范、课堂纪律）	10		
尺寸检测	5	$\phi 16_{-0.027}^{0}$ 外圆	15		
	6	ϕ20h9 外圆	10		
	7	ϕ30h8 外圆	5		
	8	长度 15 mm	5		
	9	长度 25 mm	5		
	10	长度 45 mm	5		
表面粗糙度	11	*Ra*3.2	5		
综合得分					

实训工单

轴类零件外轮廓复合循环车削加工

专业	课程	班级	姓名	学号	考核成绩
安全要点	注意规范操作机床；禁止两个人同时操作一台机床				

一、知识总结

知识链接 1：写出内外圆粗车循环指令 G71 的格式。

知识链接 2：内外圆粗车循环指令 G71 中的Δd、e、ns、nf、Δu、Δw 分别表示什么含义？

二、运用

任务要求：完成如下图所示工件的数控编程与加工。毛坯为ϕ35×100 棒料，材料型号为 45 号钢。

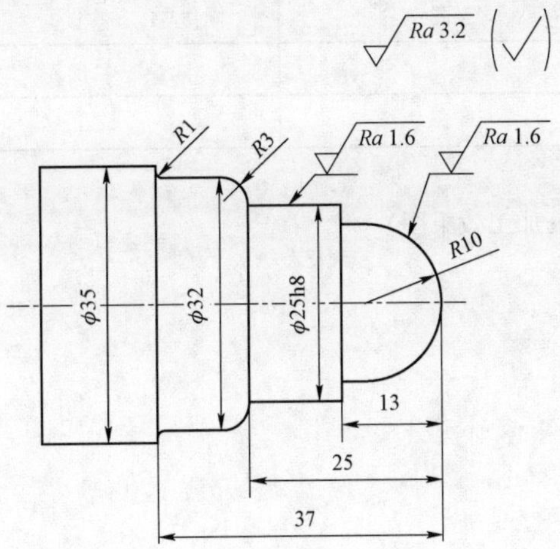

加工应用.mp4

1. 零件的技术性和工艺性分析

（1）主要加工表面：

（2）ϕ32 外圆的公差等级为多少？ϕ25h8 外圆的尺寸偏差为多少？（小提示：查表）

（3）选用的刀具：

续表

2. 制定零件的加工工艺路线

3. 编制程序

三、调试加工（上传仿真加工效果图）

四、成绩评定

评价等级	知识掌握	过程操作	团队协作	自主学习
指导教师		日期		

实训 2.5　轴类零件内轮廓复合循环车削加工

实训目标

1. 知识目标

（1）掌握 G71、G70 指令在内轮廓加工中的应用。

（2）掌握孔加工的刀具选择。

（3）合理选择切削用量，正确编写内轮廓加工程序。

2. 技能目标

（1）能准确测量孔的精度。

（2）能合理进行内轮廓加工的误差分析。

（3）掌握钻孔方法，完成零件的加工。

3. 素质目标

（1）培养学生求真务实、严格执行标准的工匠精神。

（2）培养学生良好的职业道德，增强质量意识。

实训任务

完成如图 2－5－1 所示工件内轮廓的数控编程与加工。材料型号为 45 号钢，毛坯为 ϕ45×200 棒料。

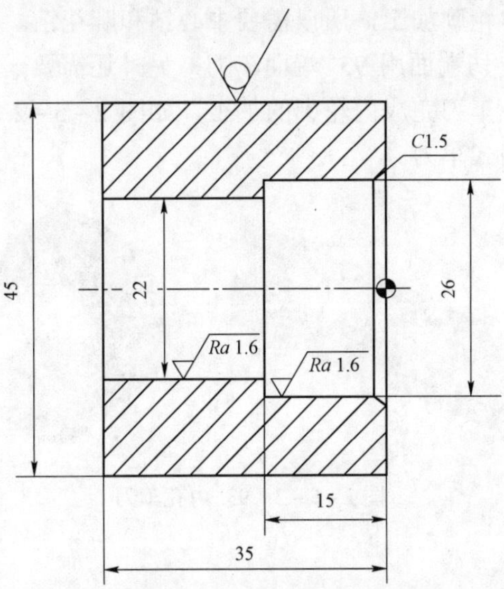

图 2－5－1　轴类零件内轮廓加工图

实训主要仪器设备

1. 试验仪器

（1）试验台：FANUC 0i mate－TC 系统数控机床。

（2）实训工具：三爪自定心卡盘、卡盘扳手、刀架扳手、垫刀片、莫氏锥套、钻夹头、薄纯铜皮。

（3）测量工具：游标卡尺、内径百分表、内径千分尺。

2. 实训器材

（1）仿真器材：装有斯沃数控仿真软件的计算机 1 台。

（2）毛坯：ϕ45×200 棒料，材料型号为 45 号钢。

（3）刀具：麻花钻、中心钻、93° 端面车刀、93° 内孔车刀、切断刀。

实训指导

1. 零件的技术性和工艺性分析

1）零件图分析

该零件属于阶梯孔套类零件，需要加工的部分由$\phi 26_{0}^{+0.021}$、$\phi 22_{0}^{+0.021}$两段台阶孔构成，阶梯孔长度方向有尺寸要求，分别是 15 mm 和 35 mm。孔表面粗糙度要求为 1.6。

零件的右端面在长度方向上的公差等级为 11 级，表面粗糙度为 1.6，采用精车可以达到技术要求。

$\phi 26_{0}^{+0.021}$和$\phi 22_{0}^{+0.021}$内孔公差等级为 7 级，表面粗糙度为 1.6，需要精车才能达到公差等级。

2）刀具选择

本次加工主要是内轮廓加工，所以需要中心钻和麻花钻。中心钻选 A5.3 中心钻，钻头选ϕ18 的麻花钻。切端面用 93° 端面车刀，另外还需要一把切槽刀将工件切断。本次实训选择 93° 内孔车刀完成内轮廓的加工，如图 2－5－2 所示。车刀可选用焊接式普通车刀或机械夹固式车刀。

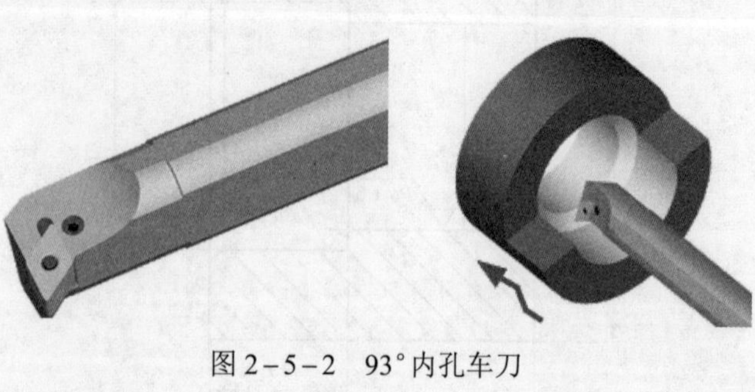

图 2－5－2　93° 内孔车刀

3）量具选择

（1）游标卡尺：测量范围，0～150 mm；测量精度，0.02 mm。

（2）内径千分尺（见图 2－5－3）：测量范围，5～30 mm；测量精度，0.01 mm。

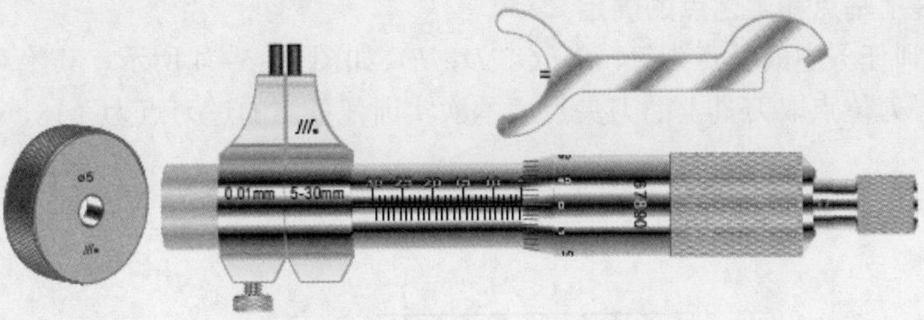

图 2–5–3　内径千分尺

2. 制定零件的加工工艺路线

1）定位基准的选择

本次实训任务中只需加工内轮廓，工件的粗基准为ϕ45 的毛坯外圆，选用三爪自定心卡盘，装夹工件时，工件伸出长度至少应比零件长度长 5 mm，否则车刀会撞到三爪自定心卡盘。该工件伸出长度约 50 mm。

2）加工工艺路线的确定

车工件端面—钻中心孔—钻ϕ20 孔，孔深 40 mm—粗车内孔—精车内孔至图样尺寸要求—工件切断，长度方向留 0.5 mm 余量—工件调头装夹并找正—车端面并保证工件全长。

3）切削用量的选择

端面、阶梯孔表面粗、精加工时的切削用量选择见表 2–5–1。

表 2–5–1　端面、阶梯孔表面粗、精加工时的切削用量

刀具名称	加工阶段	主轴转速/（r/min）	进给速度/（mm/r）	背吃刀量/mm
93° 端面车刀	工件左、右端面加工	500	0.1	0.5
93° 内孔车刀	阶梯孔粗加工	500	0.2	1.5
	阶梯孔精加工	800	0.1	0.2
切断刀（5 mm 宽）	工件切断	500	0.1	—
A5.3 中心钻	钻中心孔	500	—	—
ϕ18 钻头	钻ϕ18 孔，孔深 40 mm	500	—	—

3. 相关参数的数值计算

1）建立工件坐标系

数控机床工件坐标系原点一般设定在工件右端面与轴线的交点上。

2）工件上基点和工艺点的确定

本次实训任务中的基点为 *A*、*B*、*C*、*D*、*E*，如图 2－5－4 所示，其绝对坐标值见表 2－5－2。刀位点取刀具上的刀尖点。本次实训任务中的进刀点为（18，1）。

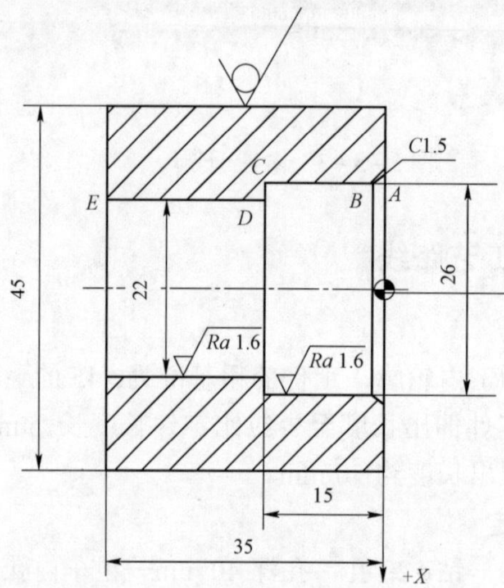

图 2－5－4　零件上的工件坐标系和基点

表 2－5－2　轴上基点的绝对坐标值

基点	基点 *A*	基点 *B*	基点 *C*	基点 *D*	基点 *E*
绝对坐标值	（29，0）	（26，－1.5）	（26，　15）	（22，－15）	（22，－35）

4. 编制零件的加工程序

图 2－5－1 所示轴类零件内轮廓复合循环车削加工程序见表 2－5－3。

表 2－5－3　轴类零件内轮廓复合循环车削加工程序

O2025;	程序名
G99G40;	初始化为每转进给
T0101;	选择 1 号刀和 01 号刀补
M03S500;	主轴正转，转速为 500 r/min
G00X18Z1;	将 01 号刀快速移动至进刀点
G71U2R1;	粗加工循环，加工参数设定，每层切深为 2 mm，退刀量为 1 mm
G71P10Q20U－0.5W0.1F0.2	轮廓循环从 N10 到 N20，*X* 方向精加工余量为 0.5 mm，*Z* 方向精加工余量为 0.1 mm，粗切进给速度为 0.2 mm/r

续表

N10G00X31；	精加工轮廓程序
G01X26Z－1.5；	
Z－15；	
X22；	
Z－36；	
Z－35；	
N20X18；	
G00Z100；	*Z* 轴退刀
X100；	*X* 轴退刀
M03S900；	主轴变速，转速为 500 r/min
T0101；	选择 1 号刀和 01 号刀补
G00X18Z1；	将 01 号刀快速移动至进刀点
G70P10Q20F0.1；	精加工循环，精切进给速度为 0.1 mm/r
G00X100Z100；	刀具回换刀点
T0202；	选择 2 号刀和 02 号刀补
S500	将主轴转速调整为 500 r/min
G00X47Z－40.5	工件切断
G01X18F0.1	
G00X100	刀具退回到换刀点
Z100	
M05；	主轴停止
M30；	程序结束

5. 输入程序，调试程序，完成零件的加工

在斯沃数控仿真软件上检验程序路径并仿真，结果如图 2－5－5 所示。

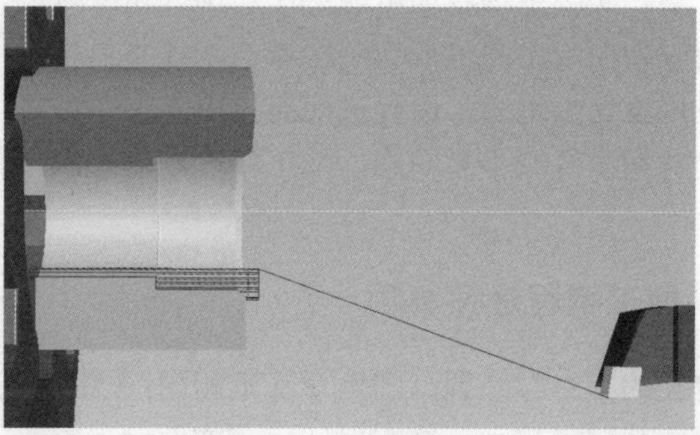

图 2－5－5 轴类零件内轮廓加工编程路径与仿真加工效果

知识点链接

1. 数控机床上常用的孔加工方法

使用数控机床加工孔时，应根据孔径大小和精度高低，采用钻、扩、铰、车（镗）等方法，见表 2-5-4。

表 2-5-4 数控机床上常用的孔加工方法

加工方法	特点及应用场合
钻	精度低（IT11～IT12），表面粗糙度为 12.5～25，适用于在实心材料上粗加工孔
钻、扩	精度较低（IT9～IT10），表面粗糙度为 5～10，适用于孔径较大孔的半精加工
钻、扩、铰	精度较高（IT7～IT9），表面粗糙度小，达到 0.4，适用于直径较小孔的精加工
钻、扩、车（镗）	精度较高（IT7～IT8），表面粗糙度小，达到 0.8，适用于直径较大孔的半精加工、精加工

2. 内轮廓车削加工工艺特点

（1）零件的内轮廓一般都要求具有较高的精度、较小的表面粗糙度和较高的形位精度，在车削套类零件时，关键要保证位置精度要求。

（2）内轮廓加工工艺常采用钻—粗车（镗）—精车（镗）的加工方式，孔径较小时可采用手动方式或 MDI 方式进行钻—铰加工。

（3）当工件精度较高时，按粗、精加工交替进行内、外轮廓切削，以保证形位精度。

（4）内轮廓加工刀具由于受孔径和孔深的限制，刀杆细而长，刚性差，切削条件差，切削用量较切削外轮廓时应选取得小一些（是切削外轮廓时的 30%～50%）。但因孔直径较外轮廓直径小，实际主轴转速可能会比切削外轮廓时大。

（5）内轮廓切削时切削液不易进入切削区域，切屑不易排出，切削温度可能会较高，镗深孔时可以采用工艺性退刀，以促进切屑排出。

（6）内轮廓切削时切削区域不易观察，加工精度不易控制，大批量生产时测量次数需多安排一些。

3. 内轮廓车削加工编程注意事项

（1）数控车削内孔的指令与外圆车削指令基本相同，关键应该注意在加工过程中，外圆柱越来越小，而内孔越来越大，这在保证尺寸方面尤为重要。对于内外圆粗车循环指令 G71，在加工外圆时余量为正，但在加工孔时余量应为负，这一点应该尤为注意，否则内孔尺寸肯定会增多。

（2）循环起点的选择一定要在底孔以内，如本次实训任务中的底孔直径为 20 mm，循环起点 X 方向可选择在 ϕ18 处。此时径向方向精加工余量Δu 应该设为负值，若设为正值，零件的孔径经粗加工出来以后就直接比图纸尺寸大。

（3）为防止出现废品，在设置磨损值时，应设为负值，否则零件会因孔径变大而报废。

（4）内轮廓加工时刀具回旋空间小，刀具进退方向与车外轮廓时有较大区别，编程时，需仔细计算进退刀量。

思考题

1. 内孔车削的关键技术是什么？如何实现这些关键技术？
2. 采用复合循环指令编写如图 2-5-6 所示零件内轮廓的数控车削加工程序。

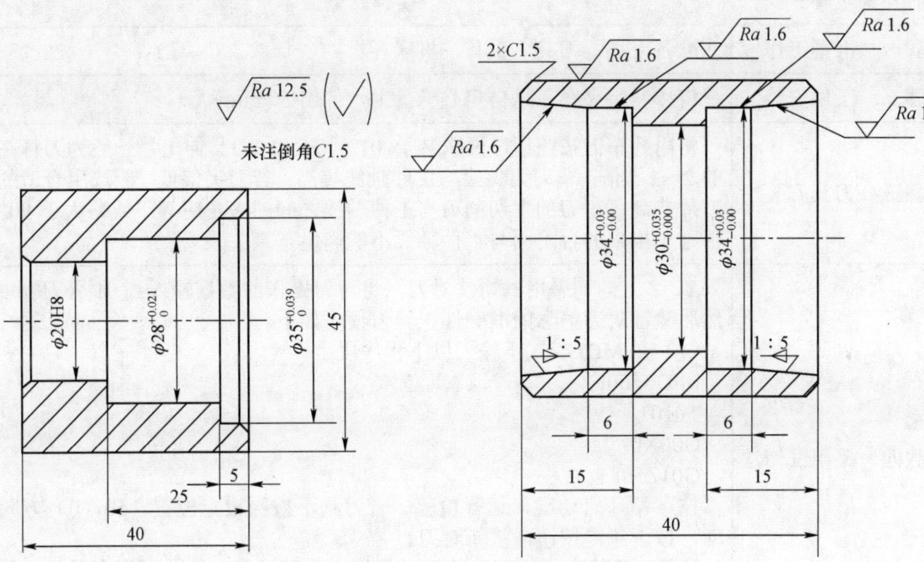

图 2-5-6　轴类零件内轮廓加工练习图

扩展阅读 · 工匠精神

詹求锋是江淮永达机械制造有限公司的一名数控车工，他从一名普通车工最终成长为六安市首席技师。

开始普及数控机床时，詹求锋没有理论基础，就借来专业书籍和机床说明书，一个指令一个指令地琢磨。没有实践操作经验，他就在计算机模拟编程软件上一遍一遍地尝试运行，一边学习一边思索如何在数控设备上改善传统加工方法。目前，詹求锋已能熟练调试和操作各种普通车床、经济型数控机床、旋风铣床、数控拉刀磨床、高效自动化数控机床，成为一名一岗多能的复合型技术人才，在数控操作技术领域更是慢慢形成了自己独有的思路和方法。

2015 年，詹求锋荣获全国劳动模范称号。同年，詹求锋劳模创新工作室正式成立。此时的他更是鼓足干劲，信心十足。通过对现有设备进行改造，他打破了设备制造商的技术垄断，完成自动化滚齿机机械手的动作设计并顺利应用到生产中，推动了公司设备自动化改造方案的落实。

詹求锋说，遇到难题不要退缩，要想办法解决；任务完成后不能停止思考，还要想办法优化以提高效率，这就是他的“工匠”心态。

讨论：在阅读完上述案例后，你有什么感受？

实训步骤

实训步骤	实训具体内容
步骤一　准备工作	准备毛坯、刀具、量具，机床开机
步骤二　工件安装	将棒料装夹在三爪自定心卡盘上，伸出 50 mm
步骤三　刀具安装	将内孔车刀按照程序要求装于 01 号刀位，刀具伸出量一般为刀杆高度的 2～1.5 倍；车刀刀尖应与工件轴线等高；若刀尖偏低，应选用合适的垫刀片垫高；车刀的主切削刃与工件轴线之间的夹角应等于或略大于 90°，否则车出来的台阶面与工件轴线不能满足垂直关系
步骤四　采用试切法对刀	*X*、*Z* 方向均采用试切法对刀，将对刀操作的数据输入到 01 号刀补中，然后验证对刀信息的准确性，验刀程序如下。 （1）在 MDI 模式下输入以下程序段： M03S500； T0101； G00X0； G01Z50F1； 按下循环启动键，运行检验。若刀具不按照设定位置（50，0）方向移动，按下急停按钮，重新对刀。 注意：*Z* 值大小根据具体情况来定，但务必是正值，否则会碰到工件表面。 （2）观察刀具位置是否与屏幕上显示的绝对坐标一致，检验刀尖距离工件右端面是否为 50 mm，检验刀具的刀尖是否和工件的轴线共线
步骤五　程序输入	在编辑模式下，输入程序并检查
步骤六　零件加工	打开程序，选择自动模式，调好进给倍率，按循环启动按钮进行加工
步骤七　零件检测	工件尺寸：内孔 $\phi26$、$\phi22$，长度 15 mm、35 mm
步骤八　实训室清洁	加工结束，整理工具、量具、刀具，清理机床切屑，做好机床日常保养，搞好实训室卫生，养成良好的安全、文明生产习惯

零件检测与评分

零件加工结束后进行零件检测，检测评分标准见表2-5-5。

表2-5-5　轴类零件内轮廓复合循环车削加工评分表

学号		姓名		班级	
任务	内轮廓加工零件车削加工			零件图号	图2-5-1
考核模块	序号	检测内容	分值	学生自评	教师评分
工艺设计及编程	1	加工工艺制定合理，切削用量（v_c、f、a_p）选择合理	5		
	2	加工程序规范、正确、简单	25		
设备规范操作	3	机床操作、维护保养正确，刀具和工件安装、拆卸正确规范	10		
	4	文明生产（包括安全、行为规范、课堂纪律）	10		
尺寸检测	5	$\phi 22_{0}^{+0.021}$ 外圆	15		
	6	$\phi 26_{0}^{+0.021}$ 外圆	15		
	7	长度 15 mm	5		
	8	长度 35 mm	5		
表面粗糙度	9	$Ra1.6$	10		
综合得分					

学习笔记

实训工单

轴类零件内轮廓复合循环车削加工

专业	课程	班级	姓名	学号	考核成绩

安全要点	注意规范操作机床；禁止两个人同时操作一台机床

一、知识总结

知识链接 1：应用 G71 指令加工内轮廓与外轮廓时，应主要注意哪个参数的设置？

____

____

知识链接 2：用 G71 指令编写内轮廓车削加工程序时，循环起点如何确定？

____

____

二、运用

任务要求：完成如下图所示工件的数控编程与加工。毛坯为ϕ45×80 棒料，材料型号为 45 号钢，工件孔已经加工至ϕ20。

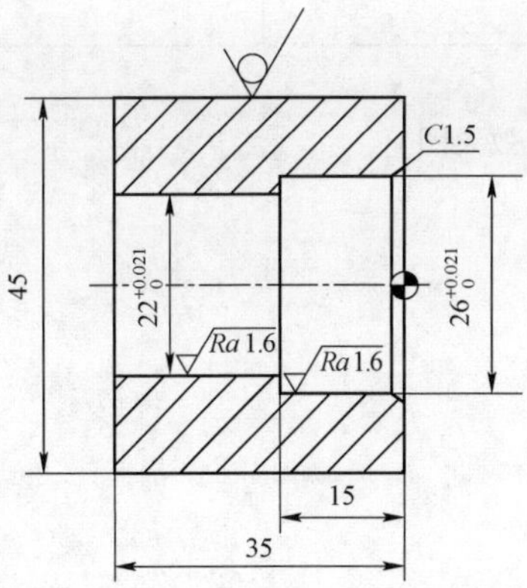

1. 零件的技术性和工艺性分析

（1）主要加工表面：______________________________

（2）ϕ26 内孔的公差等级为多少？ϕ22 内孔的公差等级为多少？（小提示：查表）

____

（3）选用的刀具：______________________________

____

续表

2. 制定零件的加工工艺路线

3. 编制内轮廓数控车削加工程序

三、调试加工（上传仿真加工效果图）

四、成绩评定

评价等级	知识掌握	过程操作	团队协作	自主学习
指导教师		日期		

实训 2.6　带内凹结构零件外轮廓的复合循环车削加工

实训目标

1. 知识目标

（1）掌握粗加工循环指令 G73 的格式。

（2）掌握 G73 指令的加工轨迹、各参数的含义。

（3）会对带内凹结构的轴类零件进行工艺分析，合理安排加工路线和选择切削用量。

（4）正确使用 G73 指令编写简单零件粗、精加工程序。

2. 技能目标

（1）合理选择带内凹结构的轴类零件外圆粗、精加工刀具刀片角度，掌握刀片及刀具的正确安装。

（2）能正确分析零件表面质量，熟练应用相关量具。

（3）完成零件的数控编程、加工及检测。

3. 素质目标

（1）培养学生注重细节、严谨求实的工作作风。

（2）培养学生求真务实、严格执行标准的工作态度。

（3）培养学生耐心专注、敢于担当的工作品质。

实训任务

完成如图 2-6-1 所示工件的数控编程与加工。毛坯为ϕ25×120 棒料，材料型号为 45 号钢。

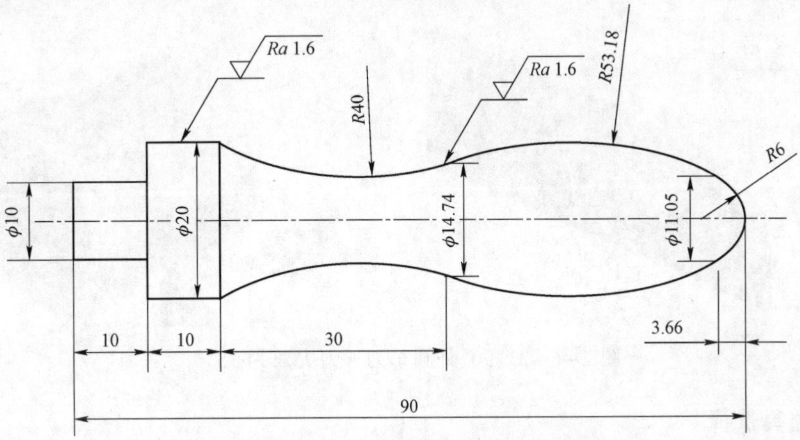

图 2-6-1　带内凹结构的轴类零件图

实训主要仪器设备

1. 试验仪器

（1）试验台：FANUC 0i mate－TC 系统数控机床。

（2）实训工具：三爪自定心卡盘、卡盘扳手、刀架扳手、垫刀片。

（3）测量工具：游标卡尺、外径千分尺。

2. 实训器材

（1）仿真器材：装有斯沃数控仿真软件的计算机 1 台。

（2）毛坯：ϕ25×120 棒料，材料型号为 45 号钢。

（3）刀具：90° 外圆车刀（刀尖角为 35°）。

实训指导

1. 零件的技术性和工艺性分析

1）零件图分析

本次实训任务中的零件结构较前面实训任务中的复杂，对精度、表面粗糙度也有一定的要求。对于如图 2－6－1 所示的零件，其主要加工表面有 *R*6 圆弧面、*R*53.18 圆弧面、*R*40 圆弧面、ϕ20 外圆。

（1）*R*6 圆弧面、*R*53.18 圆弧面、*R*40 圆弧面的公差等级为 11 级，表面粗糙度为 1.6，需要精车才能达到公差等级。

（2）ϕ20 外圆的公差等级为 7 级，表面粗糙度为 1.6，需要精车才能达到公差等级。

2）刀具选择

本次实训任务中的零件带内凹结构，为了保证刀具的后刀面不与工件发生刮碰，选用 V 形刀片，刀尖角为 35°，如图 2－6－2 所示。

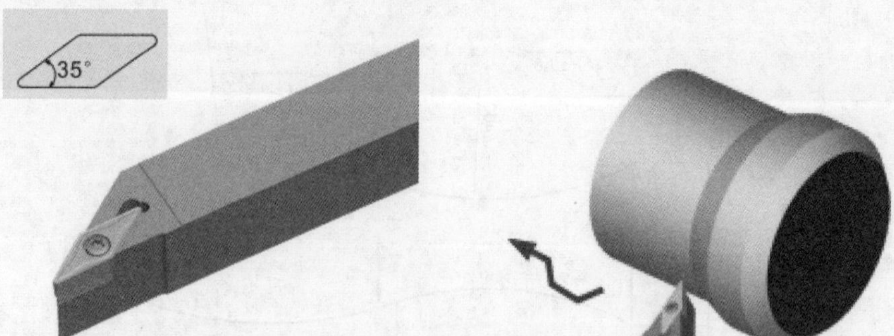

图 2－6－2　90° 外圆车刀（刀尖角为 35°）

3）量具选择

外圆长度精度不高，选用测量范围为 0～150 mm 的游标卡尺测量。外圆有精度要求，用测量范围为 25～50 mm 的外径千分尺。

2. 制定零件的加工工艺路线

1）定位基准的选择

在本次实训任务中，手柄只需加工右侧端，工件的粗基准为ϕ25 毛坯外圆，选用三爪自定心卡盘，装夹工件时，工件伸出长度至少应比零件加工长度长 5 mm。该工件伸出卡盘端面外长度约 95 mm。

2）加工工艺路线的确定

用 G73 指令依次完成 *R*6 圆弧面、*R*53.18 圆弧面、*R*40 圆弧面、ϕ20 的外圆粗加工，再用精车循环指令完成精加工。粗、精加工的循环起点为（29，2）。

3）切削用量的选择

为了保证刀具的后刀面不与工件发生刮碰，选用刀尖角为 35° 的车刀，这里尽可能选择较小的切削用量：粗加工背吃刀量为 1.5 mm，主轴转速为 500 r/min，进给速度为 0.15 mm/r；精加工背吃刀量为 0.25 mm，主轴转速为 1 000 r/min，进给速度为 0.1 mm/r。

3. 相关参数的数值计算

1）建立工件坐标系

数控机床工件坐标系原点一般设定在工件右端面与轴线的交点上。

2）工件上基点和工艺点的确定

在本次实训任务中，基点为 *A*、*B*、*C*、*D*，如图 2－6－3 所示，其绝对坐标值见表 2－6－1。刀位点取刀具上的刀尖点。在本次实训任务中，进刀点为（28，2）。

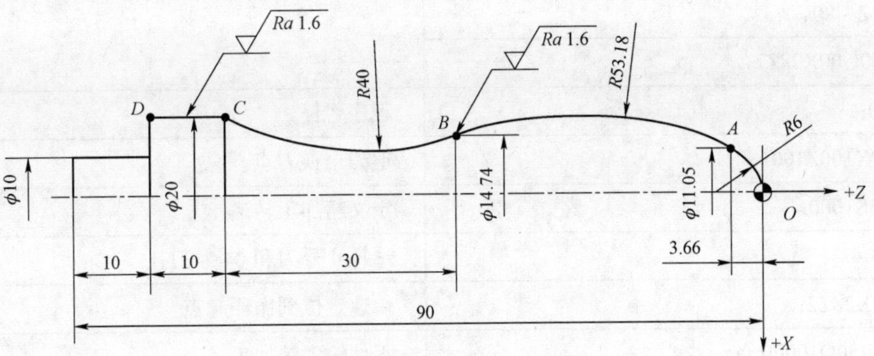

图 2－6－3　工件坐标系原点和基点

表 2－6－1　带内凹结构的轴类零件上基点的绝对坐标值

基点	绝对坐标值
基点 *A*	（11.05，－3.66）
基点 *B*	（14.74，－40）
基点 *C*	（20，－70）
基点 *D*	（20，－80）

4. 编制零件的加工程序

图 2－6－1 所示零件的加工程序见表 2－6－2。

表 2－6－2　带内凹结构零件外轮廓的加工程序

O0210;	程序名
G99;	初始化为每转进给
M03S500;	主轴正转，转速为 500 r/min
T0404;	选择 4 号刀和 04 号刀补
G00X28Z2;	快速定位到循环起点
G73U12R8;	*X* 方向工件切除余量为 12.5 mm，需要粗车循环 9 次
G73P50Q100U0.5W0F0.15;	精加工轮廓从 N50 到 N100，*X*、*Z* 方向余量分别为 0.6 mm 和 0.2 mm，粗加工进给速度为 0.15 mm/r
N50G00X0Z2;	零件加工轮廓
G01Z0;	
G03X11.05Z－3.66R6;	
G03X14.74Z－40R53.18;	
G02X20Z－70R40;	
G01Z－80	
N100G00X28Z2;	
M00;	程序暂停
G00X100Z100;	退刀至换刀点
M03S1000;	定义精加工转速
T0404;	选择 4 号刀和 04 号刀补
G00X28Z2;	快速定位到循环起点
G70P50Q100F0.1;	零件轮廓精加工
G00X100Z100;	刀具回到换刀点
M05;	主轴停止
M30;	程序结束

5. 输入程序，调试程序，完成零件的加工

在斯沃数控仿真软件上检验程序路径并仿真，结果如图 2－6－4 所示。

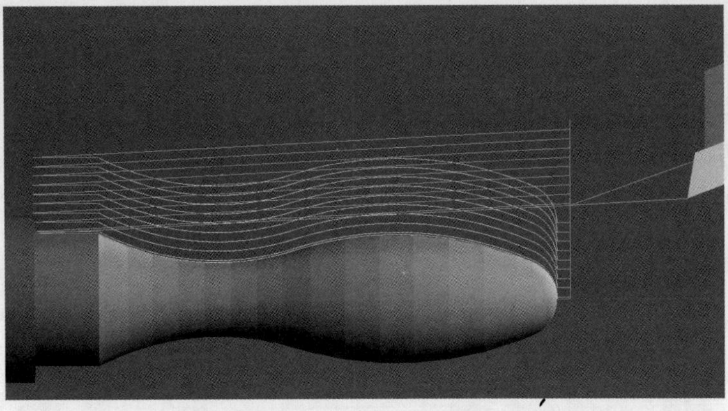

图 2-6-4 带内凹结构零件加工编程路径与仿真加工效果

知识点链接

1. 型车复合循环粗加工指令 G73 功能

G73 指令为型车复合循环粗加工指令，用于加工毛坯已经成形的零件或有内凹结构的零件。利用 G73 指令，只要编写出最终走刀路线，给出粗加工走刀次数，机床即可自动完成重复切削，直到加工完毕。当 G73 指令用于粗车时，要留有一定的精车余量。G73 指令也可以用来加工棒料毛坯，其优势是可以加工带有内凹结构的工件，缺点是存在空走刀，加工效率低。

2. 型车复合循环粗加工指令 G73 格式

G73 U（Δi）W（Δk）R（d）;

G73 P（ns）Q（nf）U（Δu）W（Δw）F___ S___T___；

N（ns）

...

N（nf）

说明：

（1）i——*X* 方向退刀量的大小和方向（半径量指定），该值为模态值；

（2）k——*Z* 方向退刀量的大小和方向，该值为模态值；

（3）d——分割数，此值与粗切重复次数相同；

（4）ns——精加工形状程序段中的开始程序段号；

（5）nf——精加工形状程序段中的结束程序段号；

（6）Δu——*X* 方向的精加工余量；

（7）Δw——*Z* 方向的精加工余量。

3. G73 指令加工路线

图 2－6－5 为 G73 指令粗车加工路线，刀具从循环启动点 *A* 点开始，快速退刀至 *B* 点，在 *X* 方向的退刀距离为Δi+Δu/2，*Z* 方向的退刀距离为Δk+Δw，然后快速进刀至切削起点 *C* 点，沿着零件轮廓形状偏移一定值后进行走刀切削至 *D* 点，快速返回至 *E* 点，准备第二层循环切削；直至循环切削结束，最后快速退回至循环起点 *A* 点。

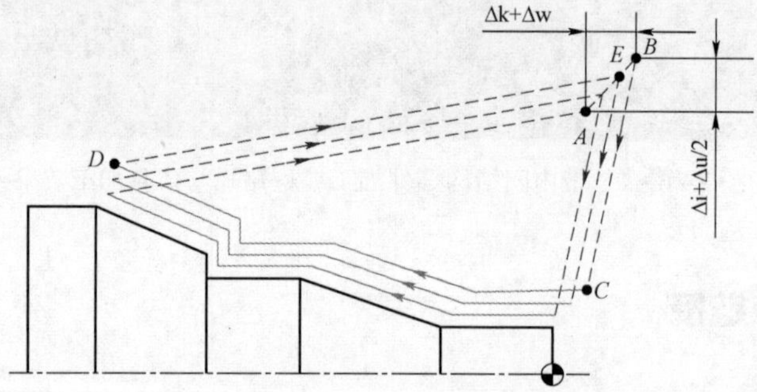

图 2－6－5　G73 指令粗车加工路线

G73 指令说明：

（1）G73 指令若用于棒料外圆毛坯直接加工，会走很多空刀，降低了加工效率；

（2）G73 程序段中，“ns”所指程序段可以向 *X* 轴或 *Z* 轴的任意方向进刀；

（3）G73 指令可以加工带有内凹结构的工件，没有单调递增或单调递减形式的限制。

思考题

1. G73 指令的格式是什么？有何作用？
2. 试编写如图 2－6－6 所示零件轮廓的加工程序。

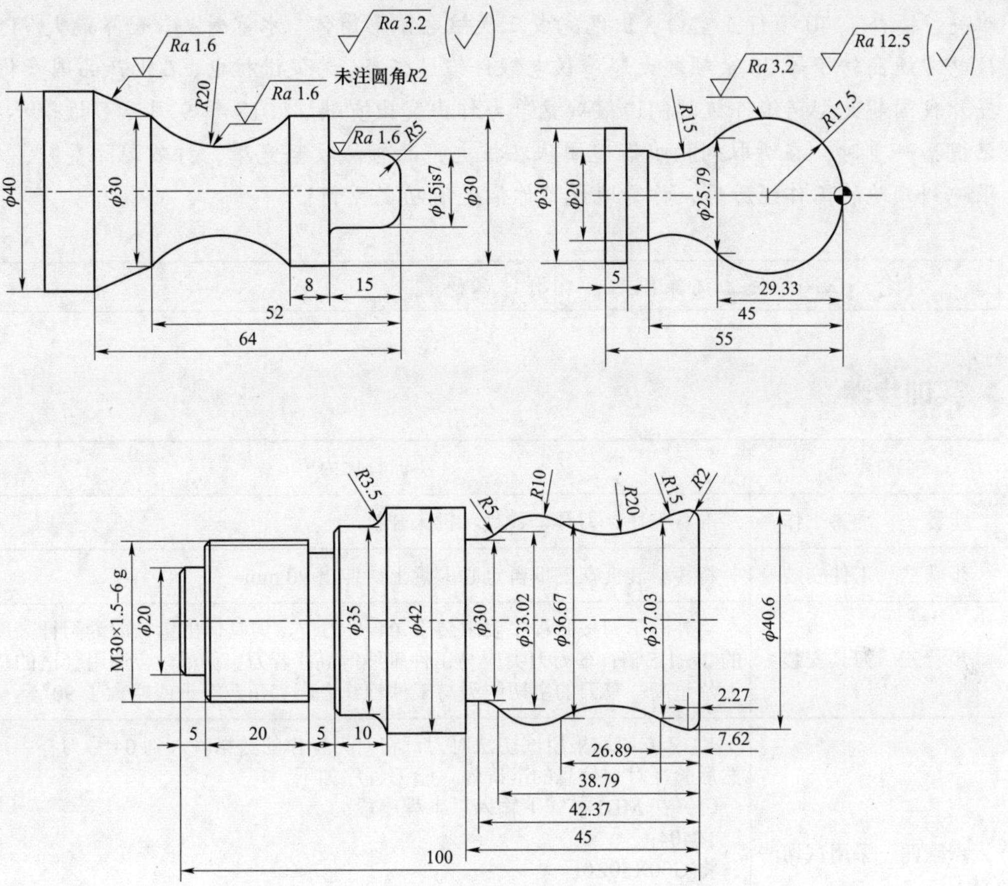

图 2－6－6　带内凹结构零件外轮廓加工练习图

扩展阅读 · 工匠精神

刘伯鸣，中国一重集团有限公司铸锻钢事业部水压机锻造厂万吨水压机大班长。

"核电、石油化工大型锻件，是世界公认的综合性能要求最高、技术难度最大的热加工产品。在核电国产化进程中，核电蒸发器锥形筒体和核电常规岛设备整锻低压转子，是我一直在攻关的项目。过去这方面一直依赖于进口，特别是整段低压转子一度只有日本的 JSW 具有成熟制造技术。"作为万吨级自由锻造水压机的操作者，刘伯鸣深知锻造在整个工艺流程中的重要性，也深知"卡脖子"之痛。

没有任何技术资料可借鉴，刘伯鸣从“零”开始，全身心投入技术攻关，无时无刻不在思考工艺参数，琢磨锻件成形过程，甚至吃饭时都要抓着技术人员反复讨论。经过日复一日的苦心钻研，刘伯鸣终于找到了锥形筒体锻造过程的关键控制点。采用他提出的“关键点控制法”，锥形筒体在中国一重顺利锻造成功，填补了国内锻造技术的空白，也彻底打破了此类核电关键锻件全部依赖进口的局面。

他扎根锻造岗位 29 年，用匠心锻造大国重器，攻克 90 余项核电、石化产品工艺难关，填补了 40 项行业空白，出色完成三代核电锥形筒体、水室封头、世界最大 715 t 核电常规岛转子等 20 余项超大超难核电锻件锻造任务，为促进核电、石化产品国产化，提升我国超大型铸锻件极端制造核心竞争力作出突出贡献。2018 年 9 月，习近平总书记视察一重时，在听取刘伯鸣锻造团队在核电产品领域攻坚克难，打破国际垄断，从跟跑到领跑的工作经历后，称赞地说“你们是有功之臣啊!”

讨论：在阅读完上述案例后，你有什么感受?

实训步骤

实训步骤	实训具体内容
步骤一　准备工作	准备毛坯、刀具、量具，机床开机
步骤二　工件安装	将棒料装夹在三爪自定心卡盘上，伸出 90 mm
步骤三　刀具安装	将外圆车刀按照程序要求装于 04 号刀位，刀具伸出量一般为刀杆高度的 2～1.5 倍；车刀刀尖应与工件轴线等高；若刀尖偏低，应选用合适的垫刀片垫高；车刀的主切削刃与工件轴线之间夹角应等于或略大于 90°
步骤四　采用试切法对刀	*X*、*Z* 方向均采用试切法对刀，将对刀操作的数据输入到 04 号刀补中，然后验证对刀信息的准确性，验刀程序如下。 （1）在 MDI 模式下输入以下程序段： T0404; 将 G00X50Z0; 进给倍率调到最小，按下循环启动按钮。若刀具不按照设定位置（50，0）方向移动，按下急停按钮，重新对刀。 （2）检验刀尖距离工件右端面是否为 50 mm，检验刀具刀尖是否和工件的轴线共线
步骤五　程序输入	在编辑模式下，输入程序并检查
步骤六　零件加工	打开程序，选择自动模式，调好进给倍率，按循环启动按钮进行加工
步骤七　零件检测	工件尺寸：外圆 $\phi 20$、$\phi 10$
步骤八　实验室清洁	加工结束，整理工具、量具、刀具，清理机床切屑，做好机床日常保养，搞好实训室卫生，养成良好的安全、文明生产习惯

零件检测与评分

零件加工结束后进行零件检测，检测评分标准见表 2－6－3。

表 2－6－3　带内凹结构零件加工评分表

<table>
<tr><td>学号</td><td colspan="2"></td><td>姓名</td><td></td><td>班级</td><td></td></tr>
<tr><td>任务</td><td colspan="4">带内凹结构零件外轮廓的复合循环车削加工</td><td>零件图号</td><td>图 2－6－1</td></tr>
<tr><td>考核模块</td><td>序号</td><td colspan="2">检测内容</td><td>分值</td><td>学生自评</td><td>教师评分</td></tr>
<tr><td rowspan="2">工艺设计及编程</td><td>1</td><td colspan="2">加工工艺制定合理，切削用量（v_c、f、a_p）选择合理</td><td>5</td><td></td><td></td></tr>
<tr><td>2</td><td colspan="2">加工程序规范、正确、简单</td><td>25</td><td></td><td></td></tr>
<tr><td rowspan="2">设备规范操作</td><td>3</td><td colspan="2">机床操作、维护保养正确，刀具和工件安装、拆卸正确规范</td><td>10</td><td></td><td></td></tr>
<tr><td>4</td><td colspan="2">文明生产（包括安全、行为规范、课堂纪律）</td><td>10</td><td></td><td></td></tr>
<tr><td rowspan="6">尺寸检测</td><td>5</td><td colspan="2">ϕ10 外圆</td><td>15</td><td></td><td></td></tr>
<tr><td>6</td><td colspan="2">ϕ20 外圆</td><td>10</td><td></td><td></td></tr>
<tr><td>7</td><td colspan="2">轮廓外形</td><td>5</td><td></td><td></td></tr>
<tr><td>8</td><td colspan="2">长度 20 mm</td><td>5</td><td></td><td></td></tr>
<tr><td>9</td><td colspan="2">长度 10 mm</td><td>5</td><td></td><td></td></tr>
<tr><td>10</td><td colspan="2">长度 90 mm</td><td>5</td><td></td><td></td></tr>
<tr><td>表面粗糙度</td><td>11</td><td colspan="2">Ra1.6</td><td>5</td><td></td><td></td></tr>
<tr><td colspan="5">综合得分</td><td></td><td></td></tr>
</table>

学习笔记

实训工单

带内凹结构零件外轮廓的复合循环车削加工

专业	课程	班级	姓名	学号	考核成绩

安全要点	注意用电安全；非作业人员在安全距离外；未经教师允许不能操作任何开关

一、知识总结

知识链接 1：写出型车复合循环粗加工指令 G73 的格式。

____

____

____

知识链接 2：型车复合循环粗加工指令 G73 中的Δi、Δk、d、ns、nf、Δu、Δw 分别表示什么含义？

____

____

____

二、运用

任务要求：完成如下图所示工件的数控编程与加工。毛坯为ϕ25×120 棒料，材料型号为 45 号钢。

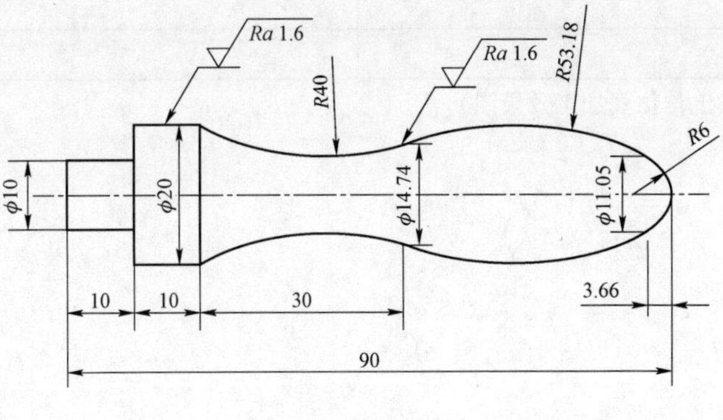

1. 实训器材

毛坯：______________________________

刀具：______________________________

测量工具：______________________________

2. 零件的技术性和工艺性分析

（1）主要加工表面：______________________________

____

续表

（2）ϕ20 外圆的公差等级为多少？（小提示：查表）

3. 制定零件的加工工艺路线

4. 编制程序

三、调试加工（上传仿真加工效果图）

四、成绩评定

评价等级	知识掌握	过程操作	团队协作	自主学习

指导教师		日期	

项目 3

盘类零件外轮廓车削加工

盘类零件外轮廓车削加工
- 端面台阶盘类零件车削加工
- 盘类零件外轮廓复合循环车削加工

实训3.1 端面台阶盘类零件车削加工

实训目标

1. 知识目标

（1）熟悉零件图分析方法，能够阅读零件图。

（2）掌握平端面切削循环指令G94的格式和切削循环轨迹。

（3）掌握锥端面切削循环指令G94的格式和应用。

（4）能够设计出简单端面台阶盘类零件加工工艺路线。

（5）会编写端面台阶盘类零件车削加工程序。

2. 技能目标

（1）掌握数控机床在自动模式下单段运行的基本操作。

（2）根据零件图，完成端面台阶盘类零件的数控编程、检验及加工。

3. 素质目标

（1）培养学生注重细节及良好的职业习惯、严谨求实的工作作风。

（2）培养学生坚强毅力、自信心、认真负责的工作态度、团队合作精神，形成良好的职业素养。

实训任务

完成如图3-1-1所示工件的数控编程与加工。毛坯为ϕ55×40棒料，材料型号为45号钢。

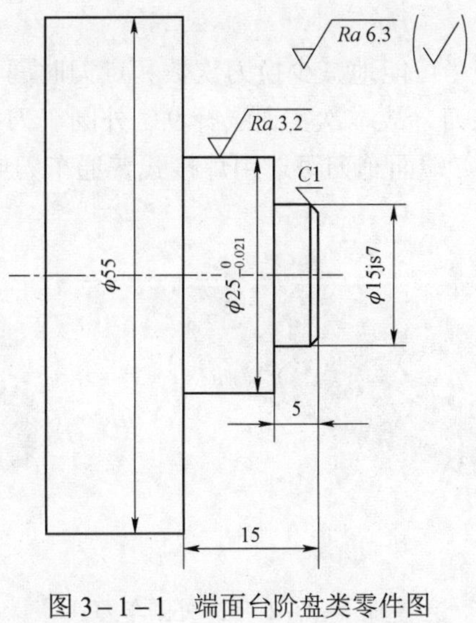

图3-1-1 端面台阶盘类零件图

实训主要仪器设备

1. 试验仪器

（1）试验台：FANUC 0i mate－TC 系统数控机床。

（2）实训工具：三爪自定心卡盘、卡盘扳手、刀架扳手、垫刀片。

（3）测量工具：游标卡尺、外径千分尺。

2. 实训器材

（1）仿真器材：装有斯沃数控仿真软件的计算机 1 台。

（2）毛坯：ϕ55×40 棒料，材料型号为 45 号钢。

（3）刀具：93° 外圆车刀（主偏角为 93°）。

实训指导

1. 零件的技术性和工艺性分析

1）零件图分析

端面台阶盘类零件的结构简单，但对精度、表面粗糙度有一定的要求。对于如图 3－1－1 所示零件，其主要加工表面有零件的右端面、$\phi 25^{0}_{-0.021}$ 外圆、ϕ15js7 外圆、C1 倒角。

零件的右端面在长度方向上的尺寸为 15 mm，公差等级为 11 级，表面粗糙度为 6.3，采用半精车就可以达到技术要求。

$\phi 25^{0}_{-0.021}$ 外圆的公差等级为 7 级，表面粗糙度为 3.2，需要半精车才能达到公差等级。

ϕ15js7 外圆的公差等级为 7 级，表面粗糙度为 6.3，需要半精车才能达到公差等级。

2）刀具选择

在加工过程中，应该尽可能地减少换刀次数和走刀时间，即用一把刀加工完相应各部位，然后再换下一把刀。故本次实训选择 93° 外圆车刀完成外圆、端面、台阶的加工，如图 3－1－2 所示。端面车刀可选用焊接式普通车刀或机械夹固式车刀。

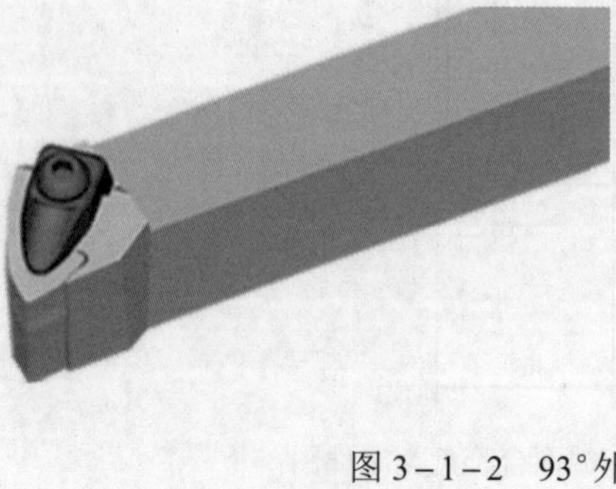

图 3－1－2　93° 外圆车刀

3）量具选择

（1）游标卡尺：测量范围，0～150 mm；测量精度，0.02 mm。

（2）外径千分尺：测量范围，25～50 mm；测量精度，0.01 mm。

2. 制定零件的加工工艺路线

1）定位基准的选择

定位基准的选择直接影响到工序的数目、各个表面加工顺序、夹具设计及零件的精度。本次实训任务中的台阶轴只需加工一端，工件的粗基准为ϕ55毛坯外圆，选用三爪自定心卡盘，装夹工件时，工件伸出长度应至少比零件加工长度长5 mm，否则车刀会撞到三爪自定心卡盘。该工件伸出长度大于或等于20 mm。

2）加工工艺路线的确定

考虑“先粗后精”原则，粗车时尽可能选择较大的背吃刀量，以减小走刀的次数，但指令G94的切削方向为径向走刀，切削过程中容易发生刀具的振动，故背吃刀量应取小一点。一般情况下，用硬质合金刀具切削碳钢时，粗加工背吃刀量取1～2 mm，精加工取0.1～0.4 mm，具体选择要根据机床、刀具材料、被加工工件材料来确定。

端面台阶盘类零件的加工工艺路线：

（1）粗车工件的端面；

（2）粗车工件的外圆，先粗车至ϕ25.4，长15 mm，后粗车至ϕ15.4，长5 mm（精加工余量一般取单边值0.1～0.4 mm）；

（3）精车工件的外圆，先车倒角，然后精车ϕ15js7外圆，后精车$\phi 25^{0}_{-0.021}$外圆。

3）切削用量的选择

考虑到初学数控机床加工，切削用量选择应尽可能较小，见表3-1-1。

表3-1-1 端面切削用量

刀具名称	加工阶段	主轴转速/（r/min）	进给速度/（mm/r）	背吃刀量/mm
95°外圆车刀	粗加工	500	0.15	2
	精加工	800	0.1	0.2

3. 相关参数的数值计算

1）建立工件坐标系

数控机床工件坐标系原点一般设定在工件右端面与轴线的交点上。

2）工件上基点和工艺点的确定

本次实训任务中的基点为A、B、C、D、E、F，如图3-1-3所示，其绝对坐标值见表3-1-2。刀位点取刀具上的刀尖点。本次实训任务中的进刀点为（58，3）。

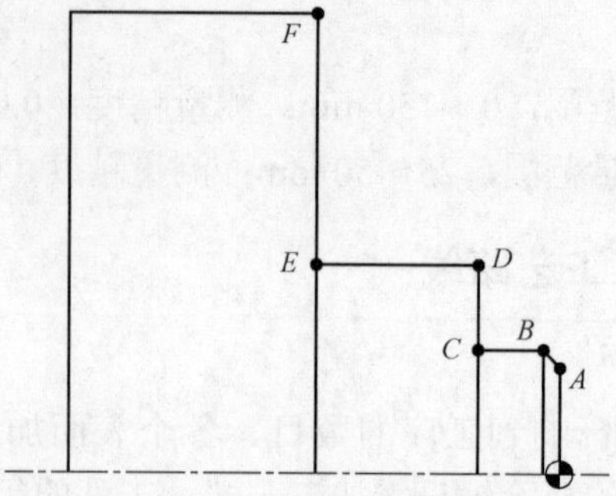

图 3-1-3　端面台阶盘类零件上的工件坐标系和基点

表 3-1-2　端面台阶盘类零件上基点的绝对坐标值

基点	基点 *A*	基点 *B*	基点 *C*	基点 *D*	基点 *E*	基点 *F*
绝对坐标值	（13，0）	（15，－1）	（15，－5）	（25，－5）	（25，－15）	（55，－15）

4. 编制零件的加工程序

端面台阶盘类零件的加工程序见表 3-1-3。

表 3-1-3　端面台阶盘类零件的加工程序

O2023；	程序名
G99；	初始化为每转进给
M03S500；	主轴正转，转速为 500 r/min
T0101；	选择 1 号刀和 01 号刀补
G00X58Z3；	将 01 号刀补快速移动至进刀点
G94X25.4Z－2F0.15；	刀具按照 G94 循环轨迹分层切削工件至 ϕ25.4，每层最大背吃刀量为 2 mm，切削至 *Z* 方向－15 处
Z－4；	
Z－6；	
Z－8；	
Z－10；	
Z－12	
Z－14	
Z－15	
G94X15.4Z－2F0.15；	刀具按照 G94 循环轨迹分层切削工件至 ϕ15.4，每层最大背吃刀量为 2 mm，切削至 *Z* 方向－5 处
Z－4；	
Z－5；	
M00；	程序暂停
M03S800；	主轴正转，转速为 800 r/min

续表

T0101	调用 T01 号刀、01 号刀补
G00X13;	快速进刀至 X13Z3 位置
G01Z－0F0.1	走刀至断面倒角位置
X15Z－1;	加工倒角
Z－5;	走刀精加工ϕ15 外圆
X25;	走刀至ϕ25 外圆处
Z－15;	走刀精加工ϕ25 外圆
X58;	退刀至 X58;
G00Z3;	退刀至循环起点
X100Z100;	退刀至换刀点
M05;	主轴停止
M30;	程序结束

5. 输入程序，调试程序，完成零件的加工

在斯沃数控仿真软件上检验程序路径并仿真，结果如图 3－1－4 所示。

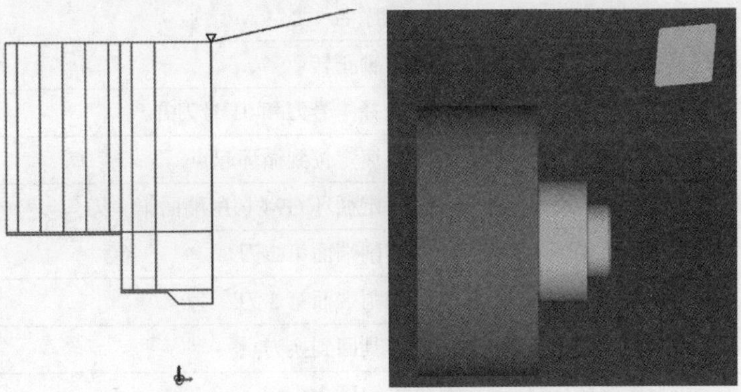

刀具路径.mp4

图 3－1－4　端面台阶盘类零件加工编程路径与仿真加工效果

知识点链接

端面切削循环指令 G94 主要用于平端面和锥端面的切削。

1. 平端面切削循环指令 G94

G94 指令格式：

G94X（U）______Z（W）______F______;

其中，X（U）、Z（W）是目标点的坐标。X，Z 取值为圆柱面切削终点坐标值；U，W 取值为圆柱面切削终点相对循环起点的增量坐标，也就是图 3-1-5 中的 *C* 点位置的绝对坐标值。F 为刀具的进给速度。

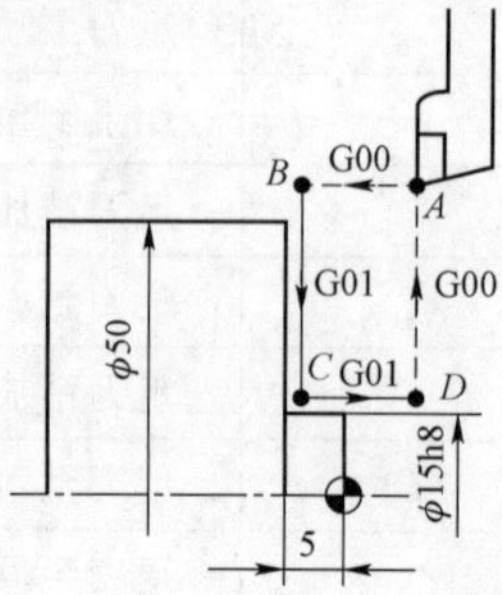

图 3-1-5　平端面切削循环轨迹

例如，如图 3-1-5 所示，选右端面中心点为工件坐标系原点，*A* 点为切削起始点，也就是进刀点，则 *A* 点的 *Z* 坐标应离毛坯右端面 2～4 mm 安全距离，*X* 坐标比加工毛坯外圆直径大 1～4 mm。这里进刀点 *A* 取为（53，3)，假设进给速度为每转进给速度（mm/r)。图 3-1-5 所示零件加工的绝对值编程参考程序见表 3-1-4。

表 3-1-4　图 3-1-5 所示零件加工参考程序

O0001；	程序名
M03S500；	主轴正转
T0101；	选择 1 号刀和 01 号刀补
G00 X53 Z3；	快速定位到循环起点
G94 X15 Z-2 F0.1；	固定循环 G94 切削端面第 1 刀
Z-4；	切削端面第 2 刀
Z-5；	切削端面第 3 刀
G00X100Z100；	刀具回到换刀点
M05；	主轴停止
M30；	程序结束

2. 锥端面切削循环指令 G94

1）指令格式

G94X（U）_____Z（W）_____R____F_____；

其中，X（U）、Z（W）是目标点的坐标。X，Z 取值为圆锥面切削终点坐标值。U，W 取值为圆锥面切终点相对循环起点的增量坐标，也就是图 3-1-6 中终点 *C* 相对于起点 *A* 点的坐标增量值。*R* 取值为锥端面切削起点处的 *Z* 坐标值减去终点处的 *Z* 坐标值，也就是图 3－1－6 中 B 点（切削起点）的 Z 坐标值减去 C 点（切削终点）的 Z 坐标值。F 为刀具的进给速度。

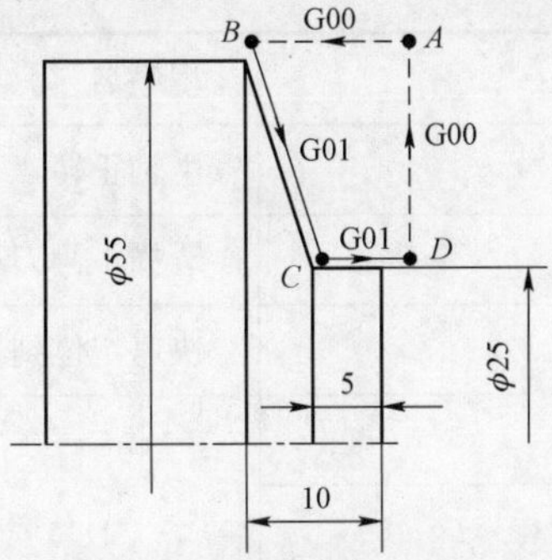

图 3－1－6　锥端面切削循环轨迹

2）指令功能

> 该指令可简化编程，用于加工余量较大的圆锥面，其运行轨迹为梯形。

如图 3－1－6 所示，A 为循环起点，C 为切削终点，即程序段指令的目标点。将一个连续加工动作（如 $A—B—C—D—A$）用一个指令 G94 完成，从而简化程序，G94 为模态代码。在图 3－1－6 中，虚线表示快速移动 G00，实线表示按指定的进给速度移动，循环结束后刀具回到循环起点 A。

3）R 值计算

在实际编程中，循环起点 A 点的 Z 坐标值应离毛坯右端面 2～4 mm 安全距离，X 坐标值应比加工毛坯外圆直径大 1～4 mm，图 3－1－7 中 A 点的坐标值为（58，2），此时需要求出 B 点到 C 点的 R 值（设为 R_{B-C}）。已知 E 点到 C 点的 R 值（设为 R_{E-C}）：$R_{E-C}=Z_E-Z_C=-10-(-5)=-5$。

根据相似三角形原理：

$$R/R_{E-C}=AD/FD$$

$$R=R_{E-C}(AD/FD)$$

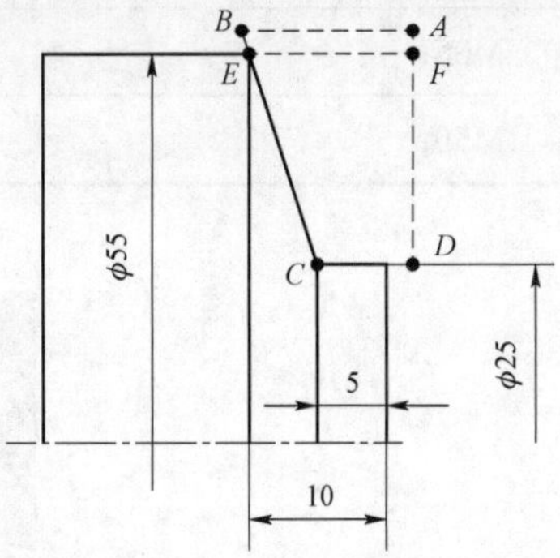

图 3－1－7　R 值计算示例

则 B 点到 C 点的 R 值为

$$R_{B-C}=-5\times(58/55)=-5.27$$

> **注意：** R 值的计算与循环起点的位置有关，为了计算方便，定刀的位置要合适，保证计算的 R 值是有限小数或整数。

图 3－1－6 所示零件车削加工参考程序见表 3－1－5，刀具路径仿真结果如图 3－1－8 所示，每个循环轨道均为梯形。

表 3－1－5　图 3－1－6 所示零件加工参考程序

程序	说明
O0001；	程序名
M03S500；	主轴正转
T0101；	选择 1 号刀和 01 号刀补
G00X58Z2；	快速定位到循环起点
G94X25.6Z0F0.1；	
Z－1.5；	
Z－3；	平端面切削至 Z－5
Z－4.5	
Z－5；	
G94X25.6Z0R－5.27F0.1；	固定循环 G94 切削锥端面第 1 刀
Z－1.5；	切削锥端面第 2 刀
Z－3；	切削锥端面第 3 刀
Z－4.5	切削锥端面第 4 刀
Z－5；	切削锥端面第 5 刀
G00X100Z100；	刀具回到换刀点
M05；	主轴停止
M30；	程序结束

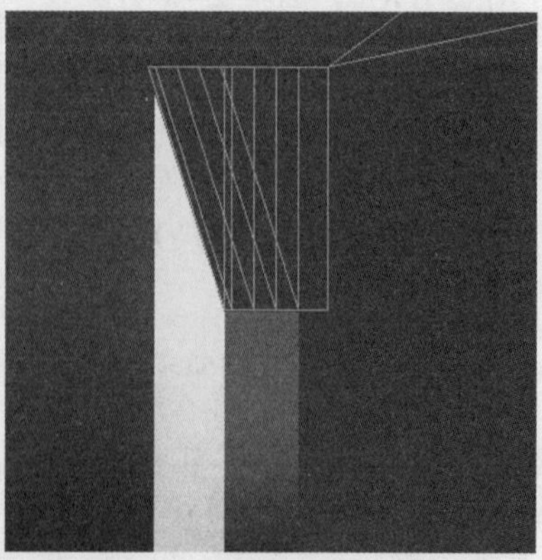

图 3－1－8　刀具路径

思考题

1. 试画出 G94 指令和 G90 指令的循环轨迹，并指出区别。
2. 试编写如图 3－1－9 所示零件轮廓的加工程序。

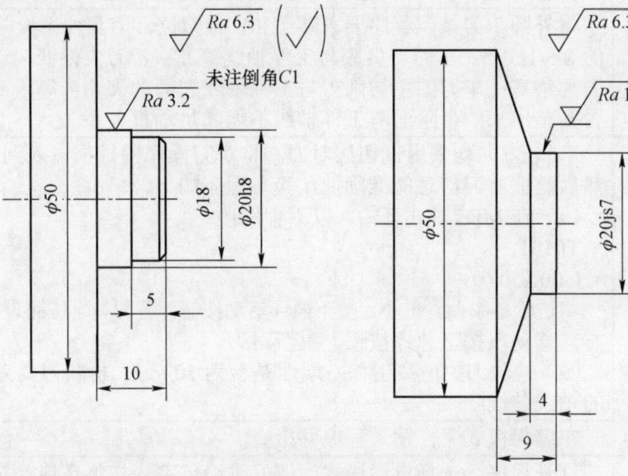

加工仿真.mp4

图 3－1－9　端面台阶盘类零件加工练习图

扩展阅读 · 工匠精神

冀晓渊是中国航天科工集团第二研究院二八三厂副段长工程师，高级技师，23 岁就荣获全国“五一”劳动奖章。

冀晓渊入厂后，有幸与中国航天科工集团公司首席技师马景来结为师徒。凭借着深厚的技术功底，冀晓渊攻克了上百项复杂产品的加工难题，尤其是在玻璃制品、陶瓷材料加工方面练就了专长。高硬度脆性材料加工正是冀晓渊的绝活之一，用数控机床的“金刚钻”挑战玻璃制品加工的“瓷器活”，他因此也成为了超硬脆材料加工领域的“魔法师”。

冀晓渊 2009 年获得北京市数控车竞赛职工组第二名，并获得北京市“五一”劳动奖章，代表北京市参加全国数控大赛；2010 年参加科工集团第二研究院技能大赛，获数控车第一名，并获得航天技术能手称号；2010 年参加北京市数控技能大赛，获车工组第六名，并获北京市工业技术能手称号；2012 年参加全国第五届数控技能竞赛职工组第二名，并荣获全国技术能手称号；2017 年五一劳动节，参加 CCTV2“中国大能手”节目，获亚军。

冀晓渊说我们干的是航天产品，容不得半点马虎，这种责任感不是说每天喊多少口号，它只能靠我们一点一滴去做、去磨炼。

一生择一事，爱一事，成一事，于细微处见精神。

讨论：在阅读完上述案例后，你有什么感受？

实训步骤

实训步骤	实训具体内容
步骤一　准备工作	准备毛坯、刀具、量具，机床开机
步骤二　工件安装	将棒料装夹在三爪自定心卡盘上，伸出 20 mm
步骤三　刀具安装	将外圆车刀按照程序要求装于 01 号刀位，刀具伸出量一般为刀杆高度的 2～1.5 倍；车刀刀尖应与工件轴线等高；若刀尖偏低，应选用合适的垫刀片垫高；车刀的主切削刃与工件轴线之间的夹角应等于或略大于 90°，否则车出来的台阶面与工件轴线不能满足垂直关系
步骤四　采用试切法对刀	*X*、*Z* 方向均采用试切法对刀，将对刀操作的数据输入到 01 号刀补中，然后验证对刀信息的准确性，验刀程序如下。 （1）在 MDI 模式下输入以下程序段： T0101； G00X50Z0； 将进给倍率调到最小，按下循环启动按钮。若刀具不按照设定位置（50，0）方向移动，按下急停按钮，重新对刀。 （2）检验刀尖距离工件右端面是否为 50 mm，检验刀具刀尖是否和工件的轴线共线
步骤五　程序输入	在编辑模式下，输入程序并检查
步骤六　零件加工	打开程序，选择自动模式，调好进给倍率，按循环启动按钮进行加工
步骤七　零件检测	工件尺寸：外圆 $\phi15$、$\phi25$，长度 5 mm、15 mm
步骤八　实训室清洁	加工结束，整理工具、量具、刀具，清理机床切屑，做好机床日常保养，搞好实训室卫生，养成良好的安全、文明生产习惯

零件检测与评分

零件加工结束后进行零件检测，检测评分标准见表 3-1-6。

表 3-1-6　端面台阶盘类零件加工评分表

学号		姓名		班级	
任务	端面台阶盘类零件车削加工			零件图号	图 3-1-1
考核模块	序号	检测内容	分值	学生自评	教师评分
工艺设计及编程	1	加工工艺制定合理，切削用量（v_c、f、a_p）选择合理	5		
	2	加工程序规范、正确、简单	25		
设备规范操作	3	机床操作、维护保养正确，刀具和工件安装、拆卸正确规范	10		
	4	文明生产（包括安全、行为规范、课堂纪律）	10		
尺寸检测	5	$\phi15js7$ 外圆	15		
	6	$\phi25^{0}_{-0.021}$ 外圆	10		
	7	长度 5 mm	10		
	8	长度 15 mm	10		
表面粗糙度	9	$Ra3.2$	5		
综合得分					

实训工单

端面台阶盘类零件车削加工

专业	课程	班级	姓名	学号	考核成绩

安全要点	注意规范操作机床；禁止两个人同时操作一台机床

一、知识总结

知识链接 1：写出端面切削循环指令 G94 的格式。

____

____

知识链接 2：根据下图，写出 G94 指令的走刀轨迹，并指出其与 G90 指令的区别。

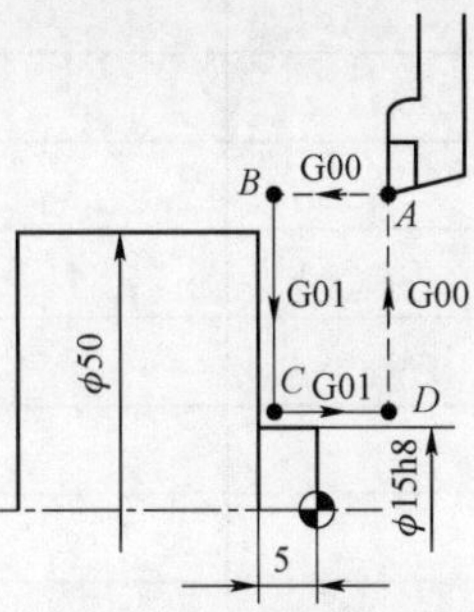

二、运用

任务要求：完成如下图所示工件的数控编程与加工。毛坯为ϕ55×40 棒料，材料型号为 45 号钢。

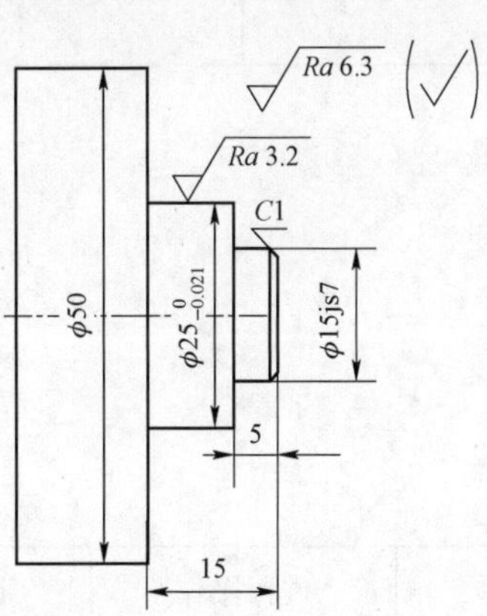

1. 零件的技术性和工艺性分析

（1）主要加工表面：______________________________

续表

（2）ϕ25 外圆的公差等级为多少？ϕ15 外圆的公差等级为多少？（小提示：查表）

（3）选用的刀具：

2. 制定零件的加工工艺路线

3. 编制程序

三、调试加工（上传仿真加工效果图）

四、成绩评定

评价等级	知识掌握	过程操作	团队协作	自主学习
指导教师		日期		

实训 3.2　盘类零件外轮廓复合循环车削加工

实训目标

1. 知识目标

（1）掌握端面粗加工复合循环指令 G72 的格式。

（2）掌握 G72 指令的加工轨迹、各参数的含义。

（3）会对简单盘类零件的工艺进行分析，合理安排加工路线和选择切削用量。

（4）正确使用端面粗加工复合循环指令编写简单零件的粗、精加工程序。

2. 技能目标

（1）合理选择机械夹固式外圆粗、精加工刀具刀片角度，掌握刀片及刀具的正确安装。

（2）能正确分析零件表面质量，熟练应用相关量具。

（3）掌握控制尺寸方法，完成零件加工。

3. 素质目标

（1）培养学生精益求精、毫厘不差的工匠精神。

（2）培养学生探索未知、追求真理的学习态度。

实训任务

完成如图 3－2－1 所示工件的数控编程与加工。毛坯为 ϕ60×70 棒料，材料型号为 45 号钢。

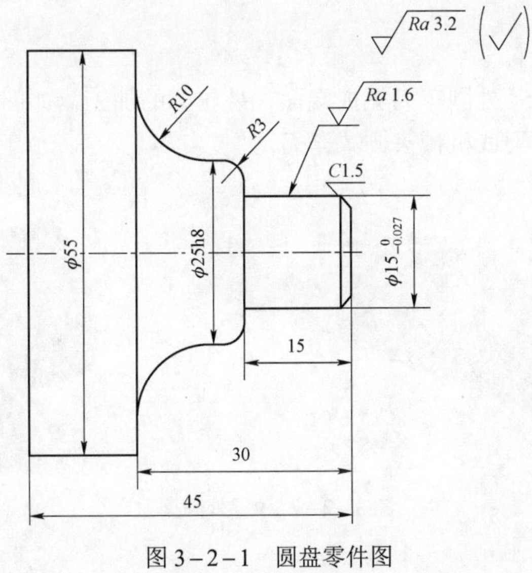

图 3－2－1　圆盘零件图

实训主要仪器设备

1. 试验仪器

（1）试验台：FANUC 0i mate－TC 系统数控机床。

（2）实训工具：三爪自定心卡盘、卡盘扳手、刀架扳手、垫刀片。

（3）测量工具：游标卡尺、外径千分尺。

2. 实训器材

（1）仿真器材：装有斯沃数控仿真软件的计算机 1 台。

（2）毛坯：$\phi 60\times70$ 棒料，材料型号为 45 号钢。

（3）刀具：95° 外圆车刀（主偏角为 95°）。

实训指导

1. 零件的技术性和工艺性分析

1）零件图分析

本次实训任务中的零件加工，对精度、表面粗糙度有一定的要求。对于如图 3－2－1 所示的零件，其主要加工表面有零件的右端面、$\phi 15^{0}_{-0.027}$ 外圆、$\phi 25h8$ 外圆、$C1.5$ 倒角、$R3$ 和 $R10$ 圆角。

（1）零件的右端面在长度方向上的公差等级为 11 级，表面粗糙度最小为 3.2，采用半精车就可以达到技术要求。

（2）$\phi 15^{0}_{0.027}$ 外圆的公差等级为 8 级，表面粗糙度为 1.6，需要精车才能达到公差等级。

（3）$\phi 25h8$ 外圆的公差等级为 8 级，表面粗糙度为 3.2，需要精车才能达到公差等级。

（4）$R3$ 和 $R10$ 圆角的公差等级为 11 级，表面粗糙度为 3.2，需要半精车才能达到公差等级。

2）刀具选择

本次实训选择 95° 外圆车刀完成端面、外轮廓的加工，如图 3－2－2 所示。车刀可选用焊接式普通车刀或机械夹固式车刀。

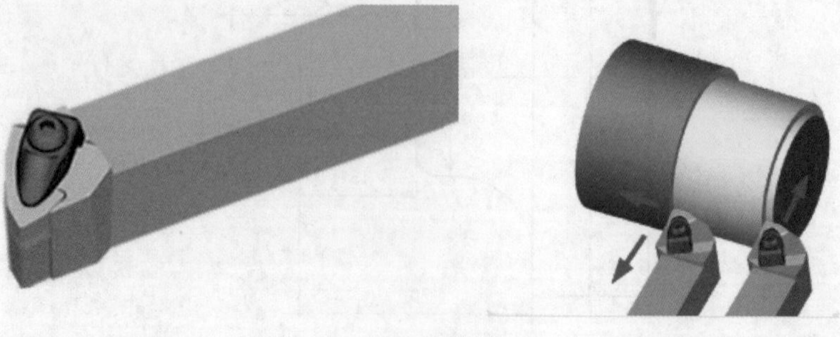

图 3－2－2　95° 外圆车刀

3）量具选择

因外圆长度精度不高，选用测量范围为 0～150 mm 的游标卡尺。因外圆有精度要求，选用测量范围为 25～50 mm 的外径千分尺。

2. 制定零件的加工工艺路线

1）定位基准的选择

在本实训任务中，圆盘工件只需加工一端，工件的粗基准为ϕ60 毛坯外圆，选用三爪自定心卡盘。装夹工件时，工件伸出长度至少应比零件加工长度长 5 mm，该工件伸出卡盘端面外的长度约为 40 mm。

2）加工工艺路线的确定

采用一次装夹，用粗车循环指令依次完成 *C*1.5 倒角、$\phi 15^{0}_{-0.027}$ 外圆、*R*3 圆角、ϕ25h8 外圆、*R*10 圆角粗加工，再用精车循环指令完成精加工。粗、精加工的循环起点为（62，2）。

3）切削用量的选择

考虑到初学数控机床加工，G72 指令又是径向走刀，切削用量的选择应尽可能较小。图 3-2-1 所示零件的轴外轮廓切削用量见表 3-2-1。

表 3-2-1　图 3-2-1 所示零件的轴外轮廓切削用量

刀具名称	加工阶段	主轴转速/（r/min）	进给速度/（mm/r）	背吃刀量/mm
95°外圆车刀	粗加工	500	0.2	1.5
	精加工	1 000	0.1	0.3

3. 相关参数的数值计算

1）建立工件坐标系

数控机床工件坐标系原点一般设定在工件右端面与轴线的交点上。

2）工件上基点和工艺点的确定

本次实训任务中的基点为 *A*、*B*、*C*、*D*、*E*、*F*、*G*、*H*，如图 3-2-3 所示，其绝对坐标值见表 3-2-2。刀位点取刀具上的刀尖点。本次实训任务中的进刀点为（63，2）。

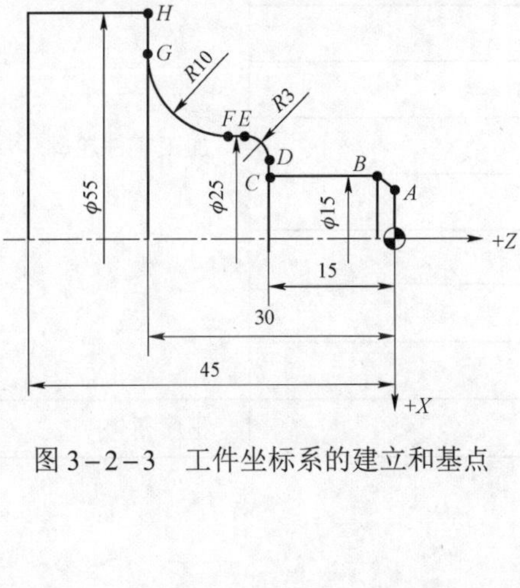

图 3-2-3　工件坐标系的建立和基点

表 3－2－2　圆盘零件加工基点的绝对坐标值

基点	绝对坐标值
基点 *A*	（12，0）
基点 *B*	（15，－1.5）
基点 *C*	（15，－15）
基点 *D*	（19，－15）
基点 *E*	（25，－18）
基点 *F*	（25，－20）
基点 *G*	（45，－30）
基点 *H*	（55，－30）

4. 编制零件的加工程序

图 3－2－1 所示圆盘零件的加工程序见表 3－2－3。

表 3－2－3　圆盘零件的加工程序

程序	说明
O0210；	程序名
G99；	初始化进给速度为每转进给
M03S500；	主轴正转，转速为 500 r/min
T0101；	选择 1 号刀和 01 号刀补
G00X63Z2；	快速定位到循环起点
G72W1.5R0.5；	循环背吃刀量为 1.5 mm，45°退刀 0.5 mm
G72P50Q100U0.6W0.2F0.2；	精加工轮廓从 N50 到 N100，*X*、*Z* 方向余量分别是 0.6 mm 和 0.2 mm，粗加工进给速度为 0.15 mm/s
N50G00Z－30；	加工零件轮廓
G01X45；	
G03X25Z－20R10；	
G01Z－18；	
G02X19Z－15R3；	
G01X15；	
Z－1.5	
X12Z0；	
N100G01Z2；	
M00；	程序暂停

续表

G00X100Z100;	退刀至换刀点
M03S1000;	定义精加工转速
T0101;	选择 1 号刀和 01 号刀补
G00X63Z2;	快速定位到循环起点
G70P50Q100F0.1;	零件轮廓精加工
G00X100Z100;	刀具回到换刀点
M05;	主轴停止
M30;	程序结束

5. 输入程序，调试程序，完成零件的加工

零件加工编程路径.mp4

在斯沃数控仿真软件上检验程序路径并仿真，结果如图 3-2-4 所示。

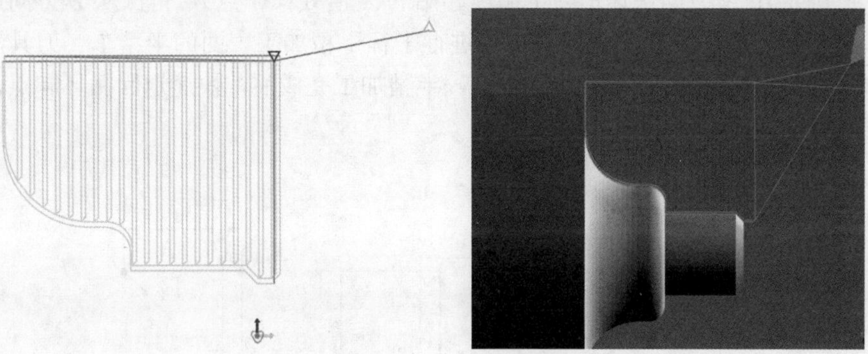

图 3-2-4　圆盘零件加工编程路径与仿真加工效果

知识点链接

1. 端面粗加工复合循环指令 G72 的格式

端面粗加工复合循环指令G72与内外圆粗加工复合循环指令G71均为粗加工循环指令，区别是G72指令的切削方向为径向走刀循环加工，G71指令的切削方向为轴向走刀循环加工。

G72 指令格式如下：

G72 W（Δd）R（e）;

G72 P（ns）Q（nf）U（Δu）W（Δw）F___ S___ T___;

```
N（ns）
...
N（nf）
```

其中，Δd 为 Z 方向背吃刀量，不带符号，该值是模态的；e 为退刀量；ns 为精车加工程序第一个程序段的顺序号；nf 为精车加工程序最后一个程序段的顺序号；Δu 为 X 方向精加工余量的距离和方向（直径/半径指定）；Δw 为 Z 方向精加工余量的距离和方向。

2. 端面粗加工复合循环指令 G72 的功能

G72 指令用于采取多次走刀完成加工的场合。利用 G72 指令，只要编写出最终走刀路线，给出每次切削背吃刀量，机床即可自动完成重复切削，直到加工完毕。它适用于盘类零件端面切削加工。G72 指令用于粗车时，要留有一定的精车余量。G72 指令粗加工轨迹如图 3－2－5 所示，刀具从循环起点 A 开始，快速退刀至 B 点，再快速进刀 Δd 距离至 C 点；然后按 G01 进给至 D 点后，沿着 45° 方向快速退刀至 E 点（退刀量由 e 值确定）；X 方向快速退刀至循环起始的 X 值处（G 点），再次从 Z 方向进刀进行第二次切削，循环至粗车完成后，再进行平行于精加工表面的半精车（刀具沿着精车表面分别留出Δu 和Δw 的精加工余量），半精加工完成后，快速退回循环起点，完成粗加工所有动作。

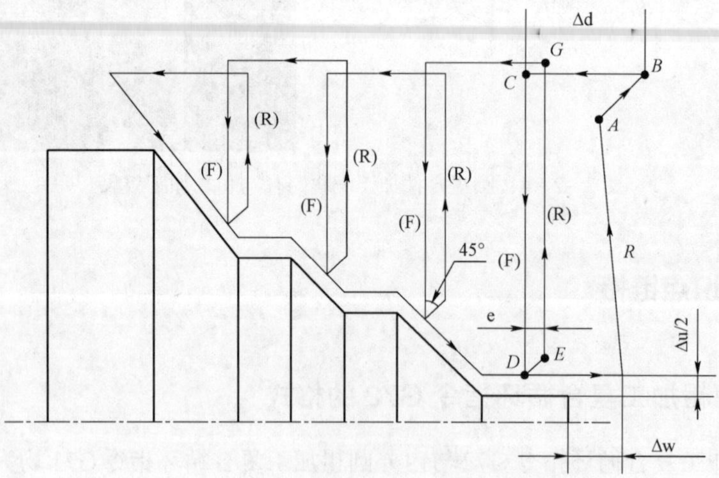

（F）—切削进给；（R）—快速移动。

图 3－2－5　G72 指令粗加工轨迹

思考题

仿真应用.mp4

1. G72 指令的格式是什么？有何作用？
2. 试编写如图 3－2－6 所示零件轮廓的加工程序。

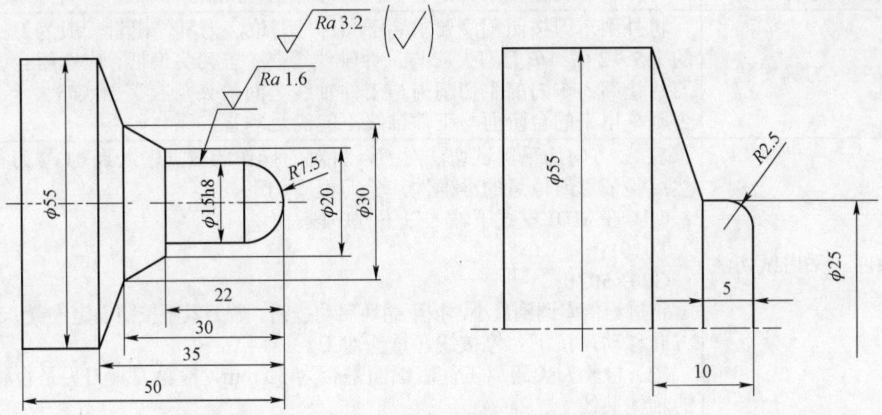

图 3－2－6　盘类零件加工编程练习

扩展阅读 · 工匠精神

陈行行，毕业于山东技师学院，曾入选 2018 年度"大国工匠年度人物"，先后获得"全国五一劳动奖章""全国技术能手""四川工匠"等荣誉称号。高职院校走出来的他，用精益求精的工匠精神证明，求学于高职院校同样能造就精彩人生。青涩年华化为多彩绽放，精益求精铸就青春信仰。大国重器的加工平台上，他用极致书写精密人生。胸有凌云志，浓浓报国情。

陈行行在核武器科技事业中从事着高精尖产品的机械加工工作，他能熟练运用现代化的大型数控加工中心，完成多种精密复杂零件的铣削加工。在新型数控加工领域，陈行行总是把不可能变成可能。这又是一个极限挑战：薄薄的壳体，将用在尖端武器装备上，50%的合格率，中国始终难以逾越。陈行行为此无数次修改编程、调整刀具、订正参数、变换走刀轨迹和装夹方式。他的努力，最终让产品合格率达到了 100%。

某大型科学仪器诊断系统关键精密零件的加工精度要异常苛刻，且产品尺寸非常小，无法进行加工中的测量。陈行行打破常规，大胆开展加工工艺创新，通过设计实用的工装夹具及合理优化工艺路线，高效优质地完成了任务。在产品加工中，陈行行综合运用多领域的专业技术知识，融会贯通，充分发挥设备的技术优势，挖掘设备的性能潜能，通过创新性的工作提升生产力，优质高效完成任务。在多项重要型号产品的急难险重任务中，他凭借扎实、深厚、全面的专业功底和敢于创新的精神，以技术革新推动技术进步，攻坚克难。

讨论：在阅读完上述案例后，你有什么感受？

实训步骤

实训步骤	实训具体内容
步骤一　准备工作	准备毛坯、刀具、量具，机床开机
步骤二　工件安装	将棒料装夹在三爪自定心卡盘上，伸出 40 mm
步骤三　刀具安装	将外圆车刀按照程序要求装于 01 号刀位，刀具伸出量一般为刀杆高度的 1.5～2 倍；车刀刀尖应与工件轴线等高；若刀尖偏低，应选用合适的垫刀片垫高；车刀的主切削刃与工件轴线之间的夹角应等于或略大于 90°，否则车出来的台阶面与工件轴线不能满足垂直关系
步骤四　采用试切法对刀	*X*、*Z* 方向均采用试切法对刀，将对刀操作的数据输入到 01 号刀补中，然后验证对刀信息的准确性，验刀程序如下。 （1）在 MDI 模式下输入以下程序段： T0101； G00X50Z0； 将进给倍率调到最小，按下循环启动按钮。若刀具不按照设定位置（50，0）方向移动，按下急停按钮，重新对刀。 （2）检验刀尖距离工件右端面是否为 50 mm，检验刀具刀尖是否和工件的轴线共线
步骤五　程序输入	在编辑模式下，输入程序并检查
步骤六　零件加工	打开程序，选择自动模式，调好进给倍率，按循环启动按钮进行加工
步骤七　零件检测	工件尺寸：外圆 $\phi 15$、$\phi 25$，长度 15 mm
步骤八　实训室清洁	加工结束，整理工具、量具、刀具，清理机床切屑，做好机床日常保养，搞好实训室卫生，养成良好的安全、文明生产习惯

零件检测与评分

零件加工结束后进行零件检测，检测评分标准见表 3-2-4。

表 3-2-4　盘类零件外轮廓复合循环车削加工评分表

学号		姓名		班级	
任务	盘类零件外轮廓复合循环车削加工			零件图号	图 3-2-1
考核模块	序号	检测内容	分值	学生自评	教师评分
工艺设计及编程	1	加工工艺制定合理，切削用量（a_p，f，v_c）选择合理	5		
	2	加工程序规范、正确、简单	25		
设备规范操作	3	机床操作、维护保养正确，刀具和工件安装、拆卸正确规范	10		
	4	文明生产（包括安全、行为规范、课堂纪律）	10		
尺寸检测	5	$\phi 15^{0}_{-0.027}$ 外圆	15		
	6	$\phi 25$h8 外圆	15		
	7	*R*3、*R*10 圆角	5		
	8	长度 15 mm	5		
	9	长度 30 mm	5		
表面粗糙度	10	*Ra*1.6	5		
综合得分					

实训工单

盘类零件外轮廓复合循环车削加工

专业	课程	班级	姓名	学号	考核成绩
安全要点	注意规范操作机床；禁止两个人同时操作一台机床				

一、知识总结

知识链接 1：写出端面粗加工复合循环指令 G72 的格式。

____

____

知识链接 2：端面粗加工复合循环指令 G72 中的Δd、e、ns、nf、Δu、Δw 分别表示什么含义？

____

____

____

____

二、运用

任务要求：完成如下图所示工件的数控编程与加工。毛坯为ϕ60×70 棒料，材料型号为 45 号钢。

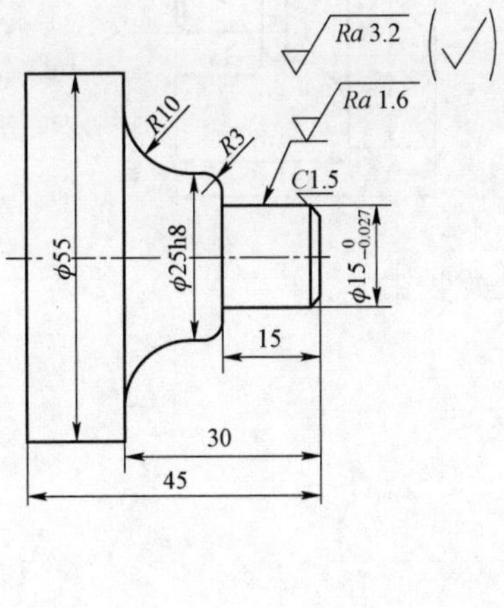

1. 零件的技术性和工艺性分析

（1）主要加工表面：________________________________

（2）ϕ15 外圆的公差等级为多少？ϕ25h8 外圆的偏差为多少？（小提示：查表）

____

（3）选用的刀具：________________________________

续表

2. 制定零件的加工工艺路线

3. 编制程序

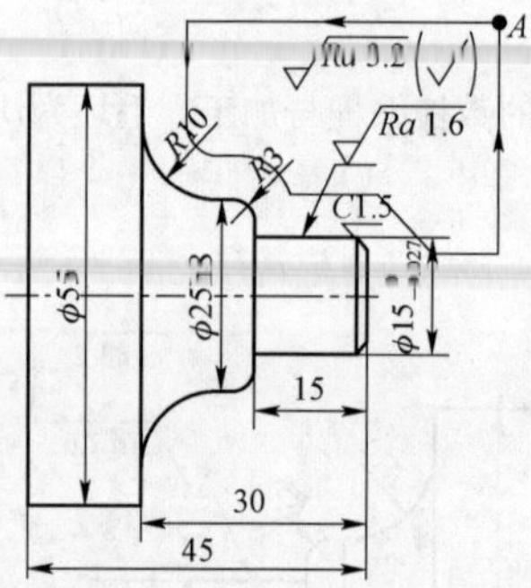

三、调试加工（上传仿真加工效果图）

四、成绩评定

评价等级	知识掌握	过程操作	团队协作	自主学习

指导教师		日期	

项目 4

轴类零件内外沟槽车削加工

轴类零件内外沟槽车削加工

- 外沟槽车削加工
- 内沟槽车削加工

实训4.1　外沟槽车削加工

实训目标

1. 知识目标

（1）掌握切槽加工的工艺知识。

（2）掌握切槽刀的选择、切削用量参数的确定方法。

（3）掌握进给暂停指令G04的使用方法。

（4）正确编写切槽加工程序。

2. 技能目标

（1）掌握切槽刀的安装和对刀方法。

（2）能根据零件要求，完成直槽、倒角槽的加工。

3. 素质目标

（1）培养学生注重细节、严谨求实的工作作风。

（2）培养学生求真务实、严格执行标准的工匠精神。

（3）培养学生吃苦耐劳的劳动精神。

实训任务

完成如图4-1-1所示工件外轮廓和外沟槽的数控编程与加工。毛坯为$\phi35\times80$棒料，材料型号为45号钢。

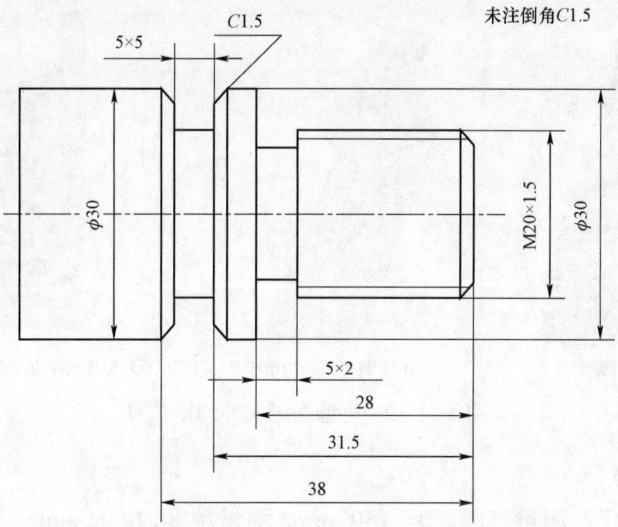

图4-1-1　外沟槽加工零件图

实训主要仪器设备

1. 试验仪器

（1）试验台：FANUC 0i mate－TC 系统数控机床。

（2）实训工具：三爪自定心卡盘、卡盘扳手、刀架扳手、垫刀片。

（3）测量工具：游标卡尺、外径千分尺。

2. 实训器材

（1）仿真器材：装有斯沃数控仿真软件的计算机 1 台。

（2）毛坯：ϕ35×80 棒料，材料型号为 45 号钢。

（3）刀具：90° 右偏外圆车刀和 5 mm 外沟槽车刀。

实训指导

1. 零件的技术性和工艺性分析

1）零件图分析

本次实训任务中的工件结构简单，对精度和粗糙度都未注要求，主要加工表面为 M20×1.5 螺纹的外圆（车螺纹不在本次实训任务内）、ϕ30 外圆，5×2 的直槽、5×5 的带倒角槽（倒角为 *C*1.5）。

2）刀具选择

完成本次实训任务需要使用到两把车刀，分别是 90° 右偏外圆车刀［见图 4－1－2（a）］和 5 mm 外沟槽车刀［见图 4－1－2（b）、（c）］。选择 90° 右偏外圆车刀完成端面、外圆、台阶的加工，选择 5 mm 外沟槽车刀完成 5×2 的直槽、5×5 的带倒角槽加工。

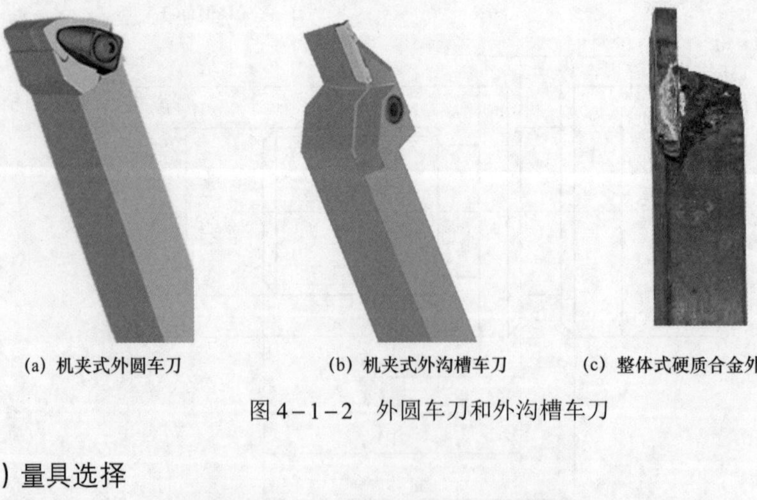

(a) 机夹式外圆车刀　(b) 机夹式外沟槽车刀　(c) 整体式硬质合金外沟槽车刀

图 4－1－2　外圆车刀和外沟槽车刀

3）量具选择

（1）游标卡尺：测量范围，0～150 mm；测量精度，0.02 mm。

（2）外径千分尺：测量范围，25～50 mm；测量精度，0.01 mm。

2. 制定零件的加工工艺路线

1）定位基准的选择

本次实训任务中，台阶轴只需加工一端，工件的粗基准为ϕ35 的毛坯外圆，选用三爪自定心卡盘，装夹工件时，工件伸出长度应至少比零件加工长度长 5 mm，否则车刀会撞到三爪自定心卡盘。该工件伸出长度大于或等于 45 mm。

2）加工工艺路线的确定

（1）粗车工件的端面。

（2）粗车工件的外圆，先粗车至ϕ30.6，长 38 mm，后粗车至 M20×1.5 螺纹的外圆，长 28 mm。

（3）精车工件的ϕ30 外圆和 M20×1.5 螺纹的外圆。

（4）分别车 5×2 直槽和 5×5 的倒角沟槽（槽的精度要求不高，故设置在轮廓精加工之后）。

3）切槽切削用量的选择

（1）背吃刀量 a_p。

车槽为径向进给车削，背吃刀量是垂直于已加工表面方向所量得的切削层宽度。所以车槽时的背吃刀量等于车槽刀主切削刃宽度。

（2）进给速度 f。

由于切槽刀的强度、散热性较差，所以切槽时的进给速度相对外圆加工较慢。进给速度太大，很容易导致刀具崩刀；进给速度太小，刀具与工件摩擦会引起振动。一般情况下，用高速钢切槽刀车钢料时，f 取 0.05～0.1 mm/r；用高速钢切槽刀车铸铁时，f 取 0.1～0.2 mm/r；用硬质合金切槽刀车钢料时，f 取 0.1～0.2 mm/r；用硬质合金切槽刀车铸铁时，f 取 0.15～0.25 mm/r。

（3）切削速度 v_c。

用高速钢切槽刀车钢料时，v_c 取 30～40 m/min；用高速钢切槽刀车铸铁时，v_c 取 15～25 m/min；用硬质合金切槽刀切钢料时，v_c 取 80～120 m/min；用硬质合金切槽刀切铸铁时，v_c 取 60～100 m/min。

在本次实训任务中，切槽加工背吃刀量为 5 mm，主轴转速为 500 r/min，进给速度为 0.1 mm/r。

3. 相关参数的数值计算

1）建立工件坐标系

在本次实训任务中，工件坐标系原点设定在工件右端面与轴线的交点上。

2）工件上基点和工艺点的确定

本次实训任务中的基点为 A、B、C、D、E、F、G、H、I、J、K、L，如图 4－1－3 所示，其绝对坐标值见表 4－1－1。

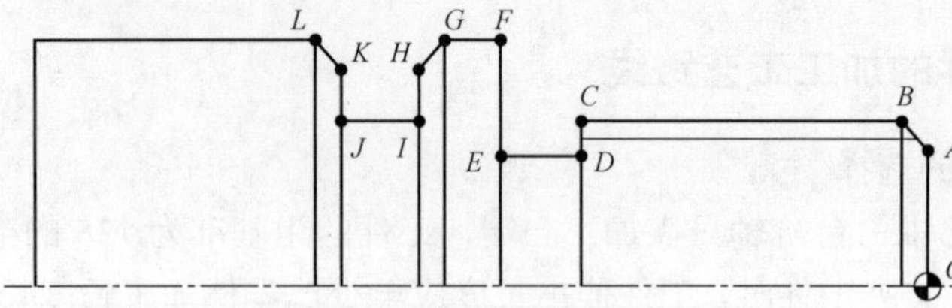

图 4－1－3　工件坐标系的建立和基点

表 4－1－1　工件上基点的绝对坐标值

基点	绝对坐标值
基点 *A*	（17，0）
基点 *B*	（19.85，－1.5）
基点 *C*	（19.85，－23）
基点 *D*	（16，－23）
基点 *E*	（16，－28）
基点 *F*	（30，－28）
基点 *G*	（30，－30）
基点 *H*	（27，－31.5）
基点 *I*	（20，－31.5）
基点 *J*	（20，－36.5）
基点 *K*	（27，－36.5）
基点 *L*	（30，－38）

切槽刀有两个刀尖点，这里采用刀具左边刀尖点为编程刀尖点。

进刀时采用快速走刀接近到工件的切削起点，再改用切削进给，该切削起点就是进刀点，也是操作数控机床时判断走刀正确与否的重要坐标点。退刀时，先沿着 *X* 轴正方向退出切槽刀（*X* 方向退刀值必须大于工件毛坯直径值），然后沿着 *Z* 轴正方向快速退刀。图 4－1－4 为切槽刀的进退刀示意图。

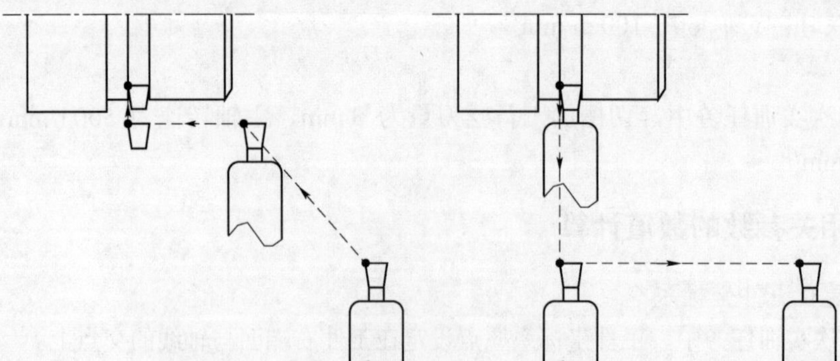

图 4－1－4　切槽刀的进退刀示意图

4. 编制零件的加工程序

图 4－1－1 所示外沟槽加工参考程序见表 4－1－2。

表 4－1－2　外沟槽零件加工参考程序

O2023；	程序名
G99；	初始化进给速度为每转进给
T0101；	工件外轮廓加工程序
M03S500；	
G00X37Z2；	
G71U2R1	
G71P10Q20U0.6W0.1F0.2；	
N10G00X17；	
G01Z0；	
X19.85Z－1.5；	
Z－28；	
X30；	
Z－45；	
N20X37；	
M00；	
G00X60Z60；	
M03S900；	
T0101；	
G00X37Z2；	
G70P10Q20F0.1；	
G00X100Z100；	
M00；	程序暂停
M03S500；	主轴正转，转速为 500 r/min
T0202；	选择 2 号刀和 02 号刀补
G00X34Z3；	快速移动至进刀点
Z－28；	
G01X16F0.1；	切 5×2 直槽
G04X2；	槽底停留 2 s
G01X34F0.3；	刀具沿 *X* 轴正向退出

续表

Z−36.5F1；	刀具移动至倒角槽的进刀点
X20F0.1；	切 5×5 直槽
G04X2；	槽底停留 2 s
G01X34F0.3；	刀具沿 *X* 轴正向退出
Z−38；	刀具移动至倒角的进刀点
X30F0.1；	
X27Z−36.5F0.1；	切倒角
G01X34F0.3；	刀具沿 *X* 轴正向退出
Z−35；	刀具移动至倒角的进刀点
X30F0.1；	
X27Z−36.5F0.1；	切倒角
G01X34F0.3；	刀具沿 *X* 轴正向退出
G00Z3；	退刀至循环起点
X100Z100；	退刀至换刀点
M05；	主轴停止
M30；	程序结束

5. 输入程序，调试程序，完成零件的加工

在斯沃数控仿真软件上检验程序路径，并在 Machining 数控机床仿真软件上仿真，结果如图 4−1−5 所示。

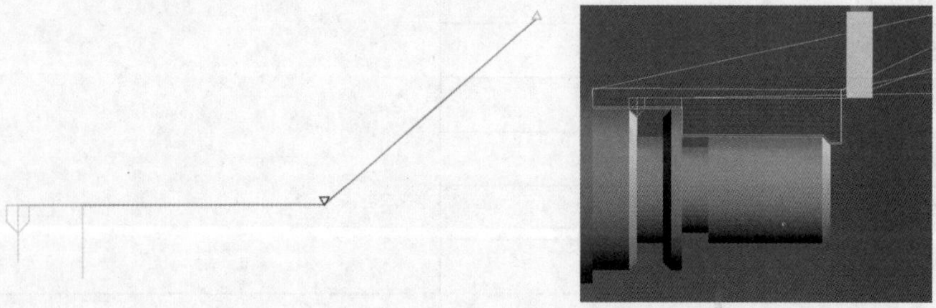

图 4−1−5　外沟槽加工编程路径与仿真加工效果

知识点链接

1. 进给暂停指令 G04

进给暂停指令 G04 按指令的时间延迟执行下个程序段。在系统中，用参数 NO.3405 的第 1 位（DWL）可对每转进给方式（G99）设定暂停。

进给暂停指令 G04 格式及其说明

指令格式：

G04X______；或 G04U______；或 G04P______；

其中，X：指定时间（允许小数点，单位为 s）；U：指定时间（允许小数点，单位为 s）；P：指定时间（不允许小数点，单位为 ms）

G04 指令常用于车槽、车端面、锪孔等场合，以提高表面质量。

例如：G04 X5 表示进给暂停 5 s；G04U3.5 表示进给暂停 3.5 s；G04P60 表示进给暂停 60 ms，即暂停 0.06 s。

2. 子程序

1）子程序的功能

如果一个程序包含固定顺序或频繁重复的图形，如图 4－1－6 中的 4 个外沟槽，对于这样的图形，就可以编成子程序存在存储器中以简化编程。子程序可以被主程序调用，被调用的子程序也可以调用其他子程序。

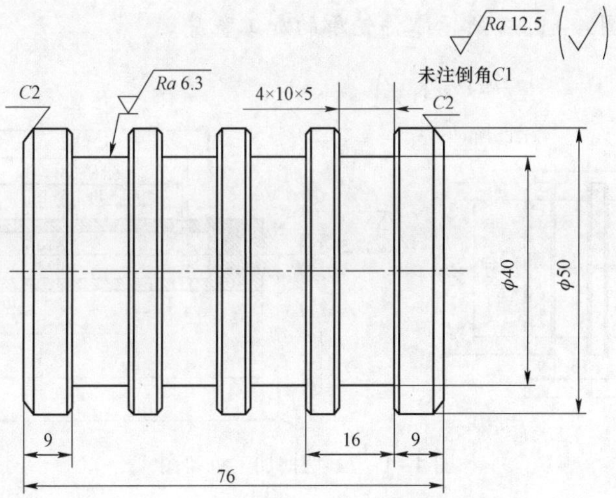

图 4－1－6　具有规律性的外沟槽零件加工

2）子程序的结构

子程序和主程序一样，也需要给它命名，以供调用。子程序名也是由字母 O 开头，后面跟四位数字。对于图 4－1－6 中的 4 个外沟槽加工，编制子程序如下所示。

```
O2023;             （子程序名）
G01 W－16 F0.5;    （增量编程 Z 负方向走刀 16）
U－11 F0.08;       （增量编程 X 负方向走刀 11）
U11 F0.2;          （增量编程 X 正方向走刀 11）
```

M99;　　　　　　　　　　　　（子程序结束并返回）

3）子程序的调用

主程序可以在适当位置调用子程序，子程序还可以再调用其他子程序。用 M98 指令调用子程序，格式为：M98 P×× ××××。其中 P 后面两位为调用子程序的次数，最后面四位为子程序的程序名。对于图 4-1-6 中的 4 个外沟槽加工，其主程序调用子程序结构如下所示。

```
O0025;            （主程序名）
G99;              （初始化进给速度为每转进给）
M03 S400;         （主轴正转，转速为 400 r/min）
T0202;            （选择 2 号刀和 02 号刀补）
G00 X52 Z3;       （设置刀具起刀点）
Z-3;              （调用子程序起点）
M98 P04 2023;     （主轴正转，转速为 400 r/min）
M30;              （程序结束并返回）
```

思考题

1. 外沟槽加工需要注意哪些事项？

2. 试编写如图 4-1-7 所示零件轮廓的加工程序。

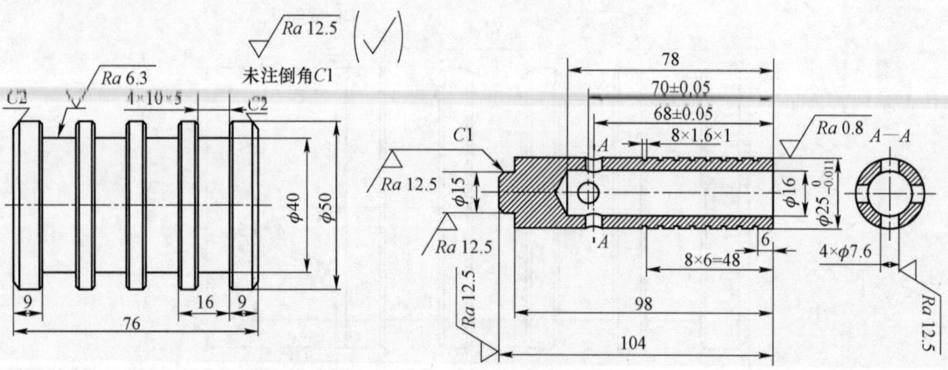

图 4-1-7　切槽加工练习图

扩展阅读·工匠精神

李万君是中车长春轨道客车股份有限公司的一名高级技师。为了在外国技术封锁面前实现“突围”，他凭借着不服输的韧劲儿一次次试验，参与填补了国内几十种高速车、铁路客车等转向架焊接规范及操作方法的空白，进行技术攻关 100 余项，见证了中国高铁事业的发展历程，用辛勤汗水融入每一道焊缝中，为中国梦提速。

2016 年李万君荣获“感动中国人物”称号。李万君当时深情地说：“作为第一代高铁员工，我见证了高铁技术从追赶者变成了领跑者，我骄傲，我自豪，同时也感觉到了自己身上的责任。”

在李万君手中，两根仅有 3.2 mm 直径的不锈钢丝，可以瞬间被分毫不差地对焊在一起，无需打磨，就可保证焊接处与钢丝直径一致，根本看不出是焊上的。

“每个焊缝都关系着高铁列车的安全和舒适，必须表里如一，不能有一点瑕疵。”这是从事焊接工作多年的李万君做“工匠”的标准。这位五一劳动奖章获得者，凭借世界一流的构架焊接技艺，被誉为“高铁焊接大师”。

凭借勤学苦练、锲而不舍的干劲儿，李万君练就了一套过硬的焊接本领，在平凡的工作岗位中干出了不平凡，逐步成长为能够撑起中国制造的大国工匠。

讨论：在阅读完上述案例后，你有什么感受？

实训步骤

实训步骤	实训具体内容
步骤一　准备工作	准备毛坯、刀具、量具，机床开机
步骤二　工件安装	将棒料装夹在三爪自定心卡盘上，伸出 48 mm
步骤三　刀具安装	分别将外圆车刀和外沟槽车刀按照程序要求装于 01、02 号刀位，刀具伸出量一般为刀杆高度的 1.5～2 倍；车刀刀尖应与工件轴线等高，若刀尖偏低，应选用合适的垫刀片垫高；车刀的主切削刃与工件轴线之间的夹角应等于或略大于 90°
步骤四　采用试切法对刀	*X*、*Z* 方向均采用试切法对刀，将外圆车刀对刀操作的数据输入到 01 号刀补中，将外沟槽车刀对刀操作的数据输入到 02 号刀补中，在每一把刀具对刀完毕后都要验证对刀信息的准确性
步骤五　程序输入	在编辑模式下，输入程序并检查
步骤六　零件加工	打开程序，选择自动模式，调好进给倍率，按循环启动按钮进行加工
步骤七　零件检测	工件尺寸：外圆 ϕ19.85、外沟槽 ϕ16、外沟槽 ϕ20，长度 28 mm
步骤八　实训室清洁	加工结束，整理工具、量具、刀具，清理机床切屑，做好机床日常保养，搞好实训室卫生，养成良好的安全、文明生产习惯

零件检测与评分

零件加工结束后进行零件检测，检测评分标准见表 4-1-3。

表 4-1-3　外沟槽车削加工评分表

学号		姓名		班级	
任务	外沟槽车削加工			零件图号	图 4-1-1
考核模块	序号	检测内容	分值	学生自评	教师评分
工艺设计及编程	1	加工工艺制定合理，切削用量（v_c、f、a_p）选择合理	5		
	2	加工程序规范、正确、简单	25		
设备规范操作	3	机床操作、维护保养正确，刀具和工件安装、拆卸正确规范	10		
	4	文明生产（包括安全、行为规范、课堂纪律）	10		
尺寸检测	5	ϕ30 外圆	5		
	6	M20×1.5 螺纹外圆	5		
	7	5×2 槽	15		
	8	5×5 槽	15		
	9	长度 28 mm	5		
	10	长度 38 mm	5		
综合得分					

实训工单

外沟槽车削加工

专业	课程	班级	姓名	学号	考核成绩
安全要点	注意规范操作机床；注意外沟槽车刀的安装；禁止两个人同时操作一台机床				

一、知识总结

知识链接 1：写出暂停指令 G04 的格式。

知识链接 2：写出外沟槽车刀的对刀步骤（X 轴对刀和 Z 轴对刀）。

二、运用

任务要求：完成如下图所示工件的数控编程与加工。毛坯为ϕ50×120 棒料，材料型号为 45 号钢。

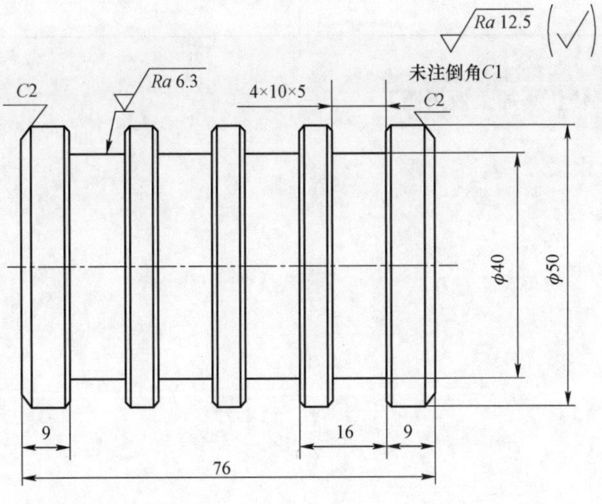

1. 零件的技术性和工艺性分析

（1）主要加工表面：

（2）选用的刀具：

续表

2. 制定零件的加工工艺路线

3. 编制程序

三、调试加工（上传仿真加工效果图）

四、成绩评定

评价等级	知识掌握	过程操作	团队协作	自主学习
指导教师		日期		

实训 4.2　内沟槽车削加工

实训目标

1. 知识目标

（1）掌握内沟槽加工的工艺知识。

（2）正确编写内沟槽加工程序。

2. 技能目标

（1）掌握内沟槽车刀的安装和对刀方法。

（2）能根据零件要求完成内沟槽加工。

3. 素质目标

（1）培养学生认真负责的工作态度和团队合作精神。

（2）培养学生精益求精、追求极致的工作品质。

实训任务

完成如图 4-2-1 所示工件内沟槽的数控编程与加工。毛坯为 $\phi40\times50$ 棒料，材料型号为 7075 硬铝。

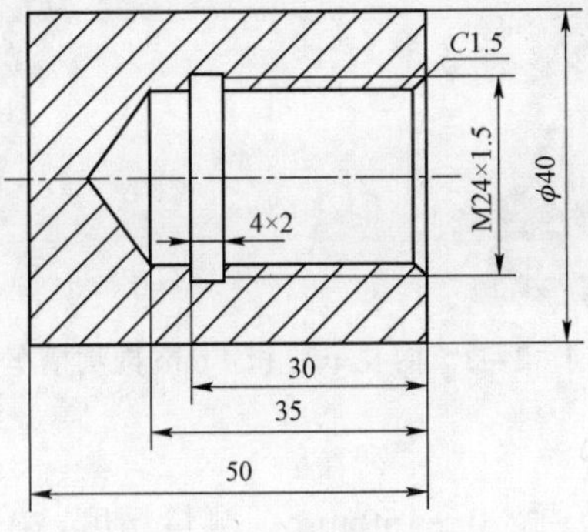

图 4-2-1　内沟槽加工零件图

实训主要仪器设备

1. 试验仪器

（1）试验台：FANUC 0i mate-TC 系统数控机床。

（2）实训工具：三爪自定心卡盘、卡盘扳手、刀架扳手、垫刀片。

（3）测量工具：游标卡尺、内径千分尺。

2. 实训器材

（1）仿真器材：装有斯沃数控仿真软件的计算机 1 台。

（2）毛坯：$\phi40\times50$ 棒料，材料型号为 7075 硬铝。

（3）刀具：内孔车刀、4 mm 内沟槽车刀。

实训指导

1. 零件的技术性和工艺性分析

1）零件图分析

本次实训任务中的工件结构简单，对精度和粗糙度都未注要求，主要加工表面有 M24×1.5 螺纹的内孔（车内螺纹不在本次实训任务内）、4×2 的内沟槽、*C*1.5 的倒角。

2）刀具选择

完成本次实训任务需要两把车刀，分别是内孔车刀和 4 mm 内沟槽车刀，如图 4－2－2 所示。选择内孔车刀完成 M24×1.5 螺纹内孔的加工，选择 4 mm 内沟槽车刀完成 4×2 的内沟槽加工。

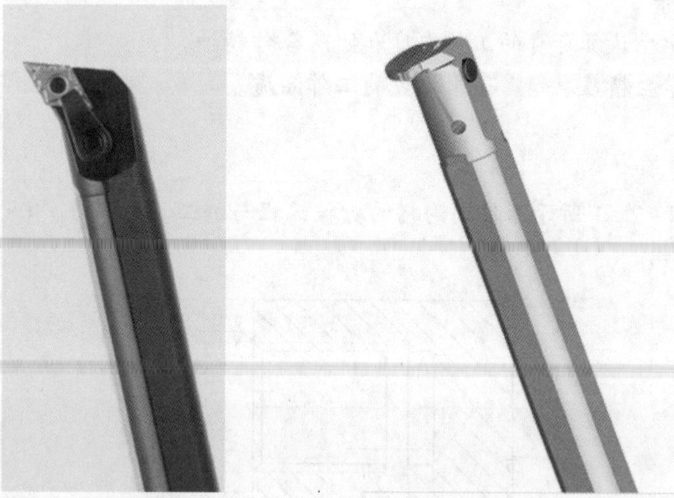

图 4－2－2　内孔车刀和 4 mm 内沟槽车刀

3）量具选择

（1）游标卡尺：测量范围，0～150 mm；测量精度，0.02 mm。

（2）内径千分尺：测量范围，5～30 mm；测量精度，0.01 mm。

2. 制定零件的加工工艺路线

1）定位基准的选择

在本次实训任务中，需要加工工件的内孔、内沟槽，工件的粗基准为ϕ40 毛坯外圆，选用三爪自定心卡盘，装夹工件时，工件伸出长度应至少比零件加工长度长 30 mm。

2）加工工艺路线的确定

（1）粗车工件的 M24×1.5 螺纹内孔至ϕ22，孔深 30 mm。

（2）精车工件的 M24×1.5 螺纹内孔ϕ22.5。

（3）车 4×2 内沟槽。

3）切槽切削用量的选择

在本次实训任务中，切槽加工背吃刀量取 4 mm，主轴转速为 500 r/min，进给速度为 0.1 mm/r。

3. 相关参数的数值计算

1）建立工件坐标系

在本次实训任务中，工件坐标系原点设定在工件右端面与轴线的交点上。

2）工件上基点和工艺点的确定

本实训任务中，基点为 *A*、*B*、*C*、*D*、*E*、*F*、*G*，如图 4－2－3 所示，其绝对坐标值见表 4－2－1。

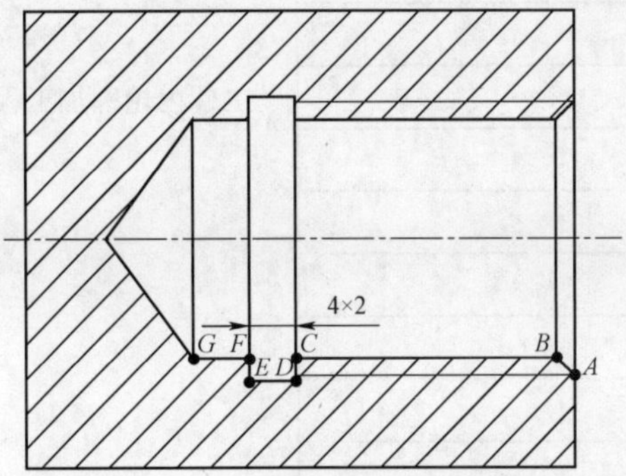

图 4－2－3　工件坐标系建立和基点

表 4－2－1　工件上基点的绝对坐标值

基点	绝对坐标值
基点 *A*	（24，0）
基点 *B*	（22.5，－1.5）
基点 *C*	（22.5，－26）
基点 *D*	（26.5，－26）
基点 *E*	（26.5，－30）
基点 *F*	（22.5，－30）
基点 *G*	（22.5，－35）

进刀时采用快速走刀接近到工件的切削起点，再改用切削进给，该切削起点就是进刀点，也是操作数控机床时判断走刀正确与否的重要坐标点。

4. 编制零件的加工程序

图 4－2－1 所示内沟槽加工参考程序见表 4－2－2。

表 4-2-2　外沟槽加工参考程序

O2023；	程序名
G99；	初始化进给速度为每转进给
T0101；	工件内轮廓加工程序
M03S500；	
G00X19Z3；	
G71U1R1；	
G71P10Q20U-0.5W0F0.1；	
N10G00X24	
G01Z0；	
X22.5Z-1.5；	
Z-30；	
N20X19；	
M00；	
G00X60Z60；	
M03S900；	
T0101；	
G00X19Z3；	
G70P10Q20F0.05；	
G00X100Z100；	
M00；	程序暂停
M03S500；	主轴正转，转速为 500 r/min
T0202；	选择 2 号刀和 02 号刀补
G00X19Z3；	快速移动至进刀点
G01Z-30F1；	
G01X26.5F0.08；	切 4×2 内沟槽
G04X2；	槽底停留 2 s
G01X19F0.3；	刀具沿 *X* 轴负向退出
G01Z3F1；	退刀至循环起点
G00X100Z100；	退刀至换刀点
M05；	主轴停止
M30；	程序结束

5. 输入程序，调试程序，完成零件的加工

在斯沃数控仿真软件上检验程序路径，并在 Machining 数控机床仿真软件上仿真。

思考题

1. 内沟槽加工需要注意哪些事项？
2. 试编写如图 4-2-4 所示零件轮廓的加工程序。

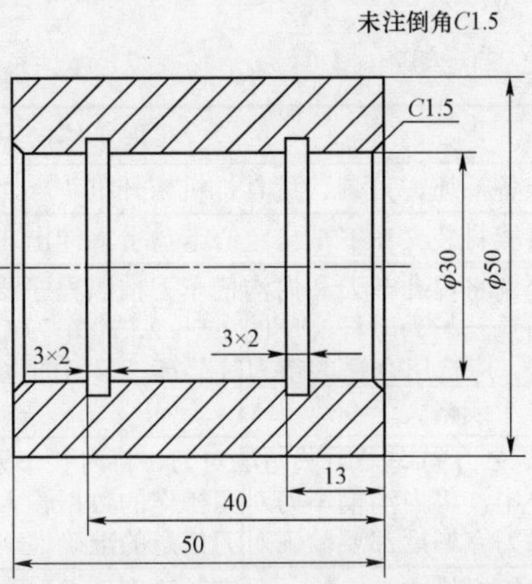

图 4-2-4　切槽加工练习图

扩展阅读 · 工匠精神

贺潇强，中国航天科工三院 159 厂机加分厂数控铣工，荣获“全国技术能手”称号。

贺潇强出生于 1991 年，提到年轻，我们会想到初生牛犊不怕虎，他确实也是这样的人。“这孩子啊，干起活来一丝不苟，很有自己的主见，经常和几位老师傅们‘争得面红耳赤’。”谈起贺潇强，厂里的同事、领导都笑容满面，说他在技术攻关面前毫不让步。有一次，在一个复杂异形零件的加工上，需要刀具近 30 把、5 道工序，按照 10 小时一件的速度是根本完不成的，于是贺潇强提出采用高速切削的方式。但师傅认为这种切削可能会把机床撞了，还有可能会使得零件变形，而一旦这个零件有问题就会影响总装分厂的装配，这个风险是谁都无法承担的。贺潇强却认为只要重新设置程序，合理地使用设备和零件本身的特点，减少刀具的背吃刀量，用“浅吃快跑”的方式就可以避免零件在切削中的高温变形，而且还可以提高加工效率，给后续装配赢得更多宝贵的时间。在看到他一次次实践试切的数据后，师傅最终“妥协”了，两人通力合作，提前完成了紧急任务。

不服输不等于认死理，据理力争并不等于固守己见。在创新思考和认真实践的基础上，坚持自己的想法，正是他从一个胜利迈向另一个胜利的密钥。

一把工具，一双妙手，他将一块块“冷冰冰”的铁疙瘩变成“亮晶晶”的零件，以精湛的技艺和过人的胆识，为飞航事业默默奉献。从新手到老手，从老手到高手，从高手到工匠，他没有什么豪言壮语，觉得自己就是航天一线普通的一员，从事着自己热爱的工作，怀揣一颗匠心去实现自己的梦想。

“航天品质就是要精益求精，航天产品不容许一丝马虎。”这是车间里每一位师傅经常挂在嘴边的一句话，也诠释着他们对待每一个产品的标准。

讨论：在阅读完上述案例之后，你有什么感受？

实训步骤

实训步骤	实训具体内容
步骤一　准备工作	准备毛坯、刀具、量具，机床开机
步骤二　工件安装	将棒料装夹在三爪自定心卡盘上，伸出 30 mm
步骤三　刀具安装	分别将内孔车刀和内沟槽车刀按照程序要求装于 01、02 号刀位，刀具伸出量一般为刀杆高度的 1.5～2 倍；车刀刀尖应与工件轴线等高；若刀尖偏低，应选用合适的垫刀片垫高；车刀的主切削刃与工件轴线之间的夹角应等于或略大于 90°
步骤四　采用试切法对刀	X、Z 方向均采用试切法对刀，将内孔车刀对刀操作的数据输入到 01 号刀补中，将内沟槽车刀对刀操作的数据输入到 02 号刀补中，在每一把刀具对刀完毕后都要验证对刀信息的准确性
步骤五　程序输入	在编辑模式下，输入程序并检查
步骤六　零件加工	打开程序，选择自动模式，调好进给倍率，按循环启动按钮进行加工
步骤七　零件检测	内孔 ϕ22.5，内沟槽 4×2，深度 35 mm、30 mm
步骤八　实训室清洁	加工结束，整理工具、量具、刀具，清理机床切屑，做好机床日常保养，搞好实训室卫生，养成良好的安全、文明生产习惯

零件检测与评分

零件加工结束后进行零件检测，检测评分标准见表 4-2-3。

表 4-2-3　内沟槽车削加工评分表

学号		姓名		班级	
任务	内沟槽车削加工			零件图号	图 4-2-1
考核模块	序号	检测内容	分值	学生自评	教师评分
工艺设计及编程	1	加工工艺制定合理，切削用量（v_c、f、a_p）选择合理	5		
	2	加工程序规范、正确、简单	25		
设备规范操作	3	机床操作、维护保养正确，刀具和工件安装、拆卸正确规范	10		
	4	文明生产（包括安全、行为规范、课堂纪律）	10		
尺寸检测	5	M24×1.5 螺纹内孔直径	20		
	6	4×2 内沟槽	20		
	7	长度为 30 mm	10		
综合得分					

实训工单

内沟槽车削加工

专业	课程	班级	姓名	学号	考核成绩
安全要点	注意规范操作机床；注意内沟槽车刀的安装；禁止两个人同时操作一台机床				

一、知识总结

知识链接 1：内沟槽车刀装刀时应注意什么？

____

____

知识链接 2：写出内沟槽车刀的对刀步骤（X 轴对刀和 Z 轴对刀）。

____

____

____

____

二、运用

任务要求：完成如下图所示工件内轮廓和内沟槽的数控编程与加工。毛坯为ϕ50×50 棒料，材料型号为 45 号钢，且已知ϕ30 孔已加工至ϕ27。

未注倒角C1.5

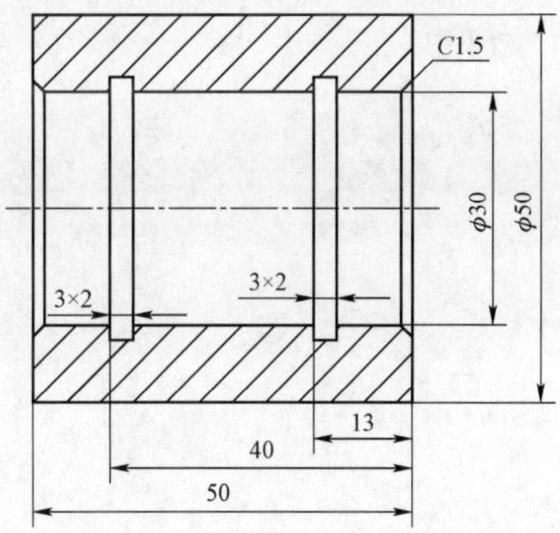

1. 零件的技术性和工艺性分析

（1）主要加工表面：____

____

（2）选用的刀具：____

2. 制定零件的加工工艺路线

____

____

____

____

续表

3. 编制程序

三、调试加工（上传仿真加工效果图）

四、成绩评定

评价等级	知识掌握	过程操作	团队协作	自主学习
指导教师		日期		

项目 5

螺纹车削加工

- 螺纹车削加工
  - 三角形外螺纹的车削加工
  - 三角形内螺纹的车削加工

实训 5.1　三角形外螺纹车削加工

实训目标

1. 知识目标

（1）了解常见螺纹的类型及作用。

（2）掌握常见螺纹尺寸的计算方法。

（3）掌握 G32、G92 指令的格式、各参数的含义及应用。

（4）掌握常见三角形外螺纹数控加工的编程方法。

2. 技能目标

（1）会常见螺纹尺寸的计算。

（2）能根据加工螺纹的螺距，对螺纹切削的进给次数与切削深度进行查表确定。

（3）能正确分析螺纹精度及误差产生的原因。

3. 素质目标

（1）培养学生良好的职业道德，增强质量意识。

（2）培养学生注重细节、精益求精的工匠精神。

实训任务

完成如图 5－1－1 所示工件的数控编程与加工。毛坯为ϕ40×100 棒料，材料型号为45 号钢。

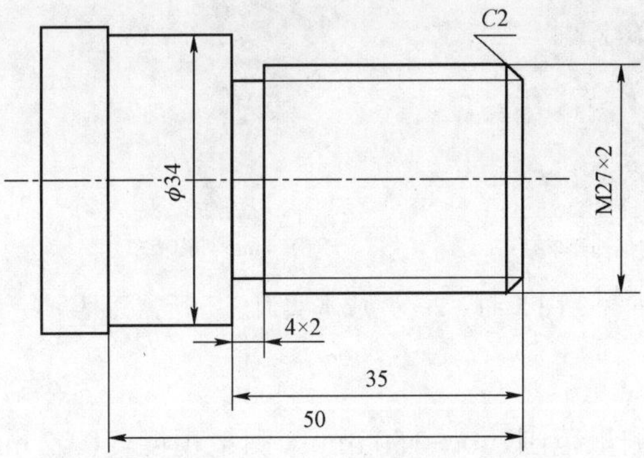

图 5－1－1　三角形外螺纹加工零件图

实训主要仪器设备

1. 试验仪器

（1）试验台：FANUC 0i mate－TC 系统数控机床。

（2）实训工具：三爪自定心卡盘、卡盘扳手、刀架扳手、垫刀片。

（3）测量工具：游标卡尺、外径千分尺、M27×2 螺纹通规和止规。

2. 实训器材

（1）仿真器材：装有斯沃数控仿真软件的计算机 1 台。

（2）毛坯：ϕ40×100 棒料，材料型号为 45 号钢。

（3）刀具：95° 右偏外圆车刀、4 mm 外沟槽车刀、60° 外螺纹车刀。

实训指导

1. 零件的技术性和工艺性分析

1）零件图分析

在本次实训任务中，主要加工表面是 M27×2 螺纹、4×2 外沟槽、ϕ34 外圆、C2 倒角。

2）刀具选择

完成本次实训任务所需刀具如图 5–1–2 所示，其中选用 95° 右偏外圆车刀完成外轮廓的加工，选用 4 mm 外沟槽车刀完成 4×2 外沟槽的直槽加工，选用 60° 外螺纹车刀完成 M27×2 螺纹加工。

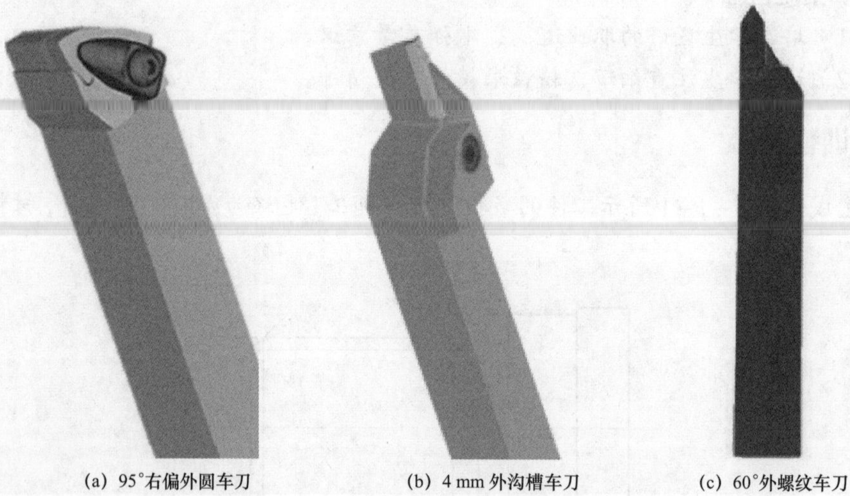

(a) 95°右偏外圆车刀　(b) 4 mm 外沟槽车刀　(c) 60°外螺纹车刀

图 5–1–2　完成本实训任务所需刀具

3）量具选择

（1）游标卡尺：测量范围，0～150 mm；测量精度，0.02 mm。

（2）外径千分尺：测量范围，25～50 mm；测量精度，0.01 mm。

（3）M27×2 螺纹通规和止规一套，其中通规型号为 M27×2 6 g LH T，止规型号为 M27×2 6 g LH Z。

2. 制定零件的加工工艺路线

1）定位基准的选择

本实训任务只需加工一端，工件的粗基准为ϕ40 的毛坯外圆，选用三爪自定心卡盘，装夹工件时，工件伸出长度应至少比零件加工长度长 5 mm，否则车刀会撞到三爪自定心卡盘。该工件伸出长度应大于或等于 55 mm。

2）加工工艺路线的确定

（1）外轮廓粗、精加工，主要包括 $C2$ 倒角、M27×2 螺纹的外圆、ϕ34 外圆。

（2）外沟槽加工：主要完成 4×2 的直槽加工。

（3）三角形外螺纹车削加工：主要完成 M27×2 螺纹加工。

3）切削用量的选择

（1）主轴转速。

三角形外螺纹加工主轴转速 n 一般根据下面的经验公式进行选取：

$$n \leqslant 1\,200/P-80$$

其中，P 为螺纹的螺距。这里取值一般偏小，若主轴转速较高，加工螺纹会发生“乱牙现象”。一般当 P=1.5 mm 时，主轴转速取 450 r/min 左右；当 P=2 mm 时，主轴转速取 400 r/min 左右。

（2）进给速度。

螺纹加工时，主轴转速与刀具进给速度有严格数量关系，即主轴转一圈，刀具移动一个待加工螺纹的导程距离。在数控编程中，只要给出主轴转速，就能根据螺纹的导程确定进给速度。一般情况下，车削加工螺纹时都在每转进给模式 G99 下进行，此时的进给速度等于螺纹的导程。

（3）背吃刀量。

车削加工螺纹时，为了提高螺纹的加工质量，背吃刀量采用分次进给方式进行加工。每次进给的背吃刀量按递减规律分配。常用螺纹切削进给次数与背吃刀量关系见表 5-1-1。

表 5-1-1　常用螺纹切削进给次数与背吃刀量关系

公制螺纹								
螺距/mm		1.0	1.5	2.0	2.5	3.0	3.5	4.0
牙深/mm		0.649	0.974	1.229	1.624	1.949	2.273	2.598
切削进给次数及对应背吃刀量/mm	第 1 次	0.7	0.8	0.9	1.0	1.2	1.5	1.5
	第 2 次	0.4	0.6	0.6	0.7	0.7	0.7	0.8
	第 3 次	0.2	0.4	0.6	0.6	0.6	0.6	0.6
	第 4 次		0.16	0.4	0.4	0.4	0.6	0.6
	第 5 次			0.1	0.4	0.4	0.4	0.4
	第 6 次				0.15	0.4	0.4	0.4
	第 7 次					0.2	0.2	0.4
	第 8 次						0.15	0.3
	第 9 次							0.2

在本次实训任务中，轴外轮廓切削用量选取见表 5-1-2。

表 5-1-2　轴外轮廓切削用量

刀具名称	刀具号	加工内容	主轴转速/（r/min）	进给速度/（mm/r）	背吃刀量/mm
95° 右偏外圆车刀	T01	粗车左端轮廓	500	0.15	1
95° 右偏外圆车刀	T01	精车左端轮廓	800～1 000	0.05	0.3
4 mm 外沟槽车刀	T02	车外沟槽	300～400	0.08～0.1	
60° 外螺纹车刀	T03	车外螺纹	400	1.5	

3. 相关参数的数值计算

1）螺纹顶径的控制

在螺纹切削时，由于刀具的挤压使得最后加工出来的顶径发生塑性膨胀，从而影响螺纹的装配使用。考虑到这个问题，在螺纹切削前的圆柱加工中，应先多切除一部分材料，将外圆柱车小、内圆柱车大。

在本次实训任务中，根据外螺纹前圆柱面车削实际直径 $D_{实}$ 的经验计算公式 $D_{实}=D_{大}-0.1P$（$D_{大}$ 为螺纹的大径，P 为螺纹的螺距）计算的 $D_{实}$ 为

$$D_{实}=D_{大}-0.1P=27-0.1\times2=26.8\text{（mm）}$$

2）背吃刀量的确定

查表 5-1-1 得当螺距为 2 mm 时，牙深为 1.299 mm，分 5 刀切削，每次切削的背吃刀量分别为 0.9 mm、0.6 mm、0.6 mm、0.4 mm 和 0.1 mm。

M27×2 螺纹加工背吃刀量分配见表 5-1-3。

表 5-1-3　M27×2 螺纹加工背吃刀量分配

背吃刀量/mm	0.9	0.6	0.6	0.4	0.1
直径/mm	26.1	25.5	24.9	24.5	24.4

4. 编制零件的加工程序

图 5-1-1 所示的三角形外螺纹加工程序见表 5-1-4。

表 5-1-4　三角形外螺纹加工程序（使用 G32 指令）

O2023;	程序名
G99;	初始化进给速度为每转进给
T0101;	选择 1 号刀和 01 号刀补
M03S500;	主轴正转，转速为 500 r/min
G00X38Z3;	将 01 号刀快速移动至进刀点
G71U1R1;	粗加工循环，加工参数设定，每层切深 1 mm，退刀量为 1 mm

续表

G71P10Q20U0.5W0F0.1；	轮廓循环从 N10 到 N20，X 方向精加工余量为 0.5 mm，Z 方向精加工余量为 0.1 mm，粗切进给速度为 0.2 mm/r
N10G00X23	精加工轮廓
G01Z0；	
X26.8Z－2；	
Z－35；	
X34；	
Z－50；	
N20X38；	
M03S900；	定义轮廓精加工转速为 900 r/min
T0101；	选择 1 号刀和 01 号刀补
G70P10Q20F0.05；	精加工循环
G00X100Z100；	回换刀点
M00；	程序暂停
M03S400；	4×2 外沟槽加工
T0202；	
G00X36Z3；	
Z－35；	
G01X23F0.08；	
G04X2；	
G01X36F0.3；	
G00X100Z100	
M00	
M03S400；	主轴正转，转速为 400 r/min
T0303；	选择 3 号刀和 03 号刀补（外螺纹车刀）
G00X30Z3；	定义进刀点
G00X26.1；	进刀
G32Z－32F2；	切螺纹
G01X30；	退刀
G00Z3；	返回至进刀点
G00X25.5；	进刀
G32Z－32F2；	切螺纹
G01X30；	退刀
G00Z3；	返回至进刀点
G00X24.9；	进刀

续表

G32Z－32F2；	切螺纹
G01X30；	退刀
G00Z3；	返回至进刀点
G00X24.5；	进刀
G32Z－32F2；	切螺纹
G01X30；	退刀
G00Z3；	返回至进刀点
G00X24.4；	进刀
G01G32Z－32F2；	切螺纹
G01X30；	退刀
G00Z3；	返回至进刀点
G00X100Z100；	刀具回换刀点
M05；	主轴停止
M30；	程序结束

由于工件外轮廓加工程序一样，这里就不重复列出，表 5－1－5 中的程序利用单一螺纹切削循环指令 G92 完成图 5－1－1 所示零件的加工。可以看出，使用单一螺纹切削循环指令 G92 编写程序相对来说比较简单，故 G92 指令应用比较广泛。

表 5－1－5　使用 G92 指令完成如图 5－1－1 所示零件的加工程序

O2025；	程序名
M03S400；	主轴正转，转速为 400 r/min
T0303；	选择 3 号刀和 03 号刀补（外螺纹车刀）
G00X30Z3；	定义进刀点
G92X26.1Z－32F2；	进刀
X25.5；	进刀
X24.9；	进刀
X24.5；	进刀
X24.4；	进刀
G00X100Z100；	刀具回换刀点
M05；	主轴停止
M30；	程序结束

5. 输入程序，调试程序，完成零件的加工

在斯沃数控仿真软件上检验程序路径并仿真，结果如图 5-1-3 所示。

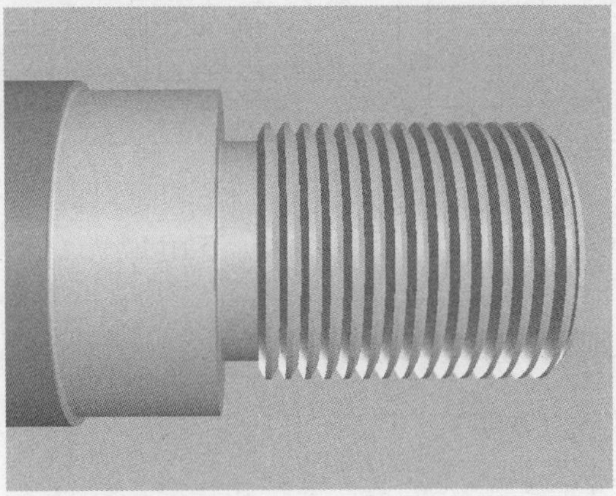

图 5-1-3　三角形外螺纹加工编程路径与仿真加工效果

知识点链接

1. 单行程螺纹切削指令 G32

1）G32 指令格式及其说明

G32 指令格式

G32 X（U）__Z（W）__F__;

其中，X（U）、Z（W）为螺纹切削的终点坐标值；F 为螺纹的导程，螺纹的导程等于螺距乘以螺旋线个数，单位为 mm，单螺旋线螺纹的导程就等于它的螺距。

> **注意：**
> 车螺纹时，进给速度采用每转进给。

2）G32 指令的切削轨迹

单行程螺纹切削指令 G32 的切削轨迹如图 5-1-4 所示，其中 *B* 点到 *C* 点走刀为 G32 指令走刀轨迹，可以看出，G32 指令轨迹和 G01 指令非常相似，它们的区别在于进给速度的定义。

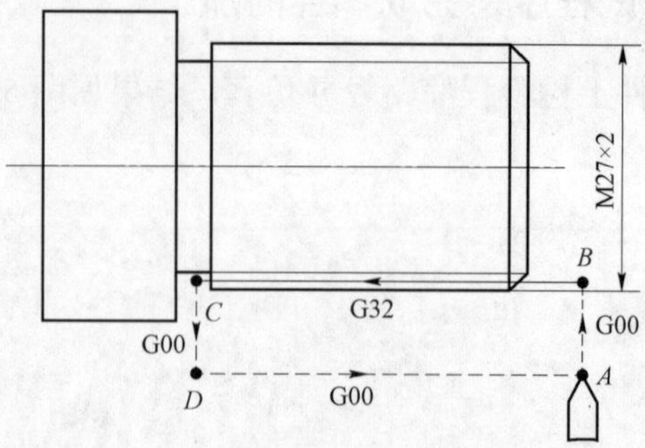

图 5-1-4　G32 和 G92 指令的切削轨迹

2. 单一螺纹切削循环指令 G92

1）G92 指令格式及其说明

G92 指令格式

G92 X（U）__Z（W）__R__F__;

其中，X（U）、Z（W）为螺纹切削的终点坐标值，R 为螺纹部分半径之差，即螺纹切削起点与切削终点的半径差；F 为螺纹的导程，单位 mm。

加工圆柱螺纹时，R=0。加工圆锥螺纹时，当 X 方向切削起点坐标小于切削终点坐标时，R<0，反之 R>0。

2）G92 指令的切削轨迹

单一螺纹切削循环指令 G92 的切削轨迹参见图 5-1-4，G92 循环指令包括四步走刀，分别是：以 G00 指令从起始 A 点进刀到 B 点，以 G32 指令从 B 点切削螺纹走刀到 C 点，以 G00 指令从 C 点快速退刀到 D 点，最后以 G00 指令从 D 点快速退刀到 A 点。

思考题

1. 试写出单一螺纹切削循环指令 G92 的格式，并说明指令中各参数的含义。

2. 图 5-1-5 所示工件的外轮廓和外沟槽已加工完成，试采用 G92 指令编写该工件外螺纹的车削加工程序。

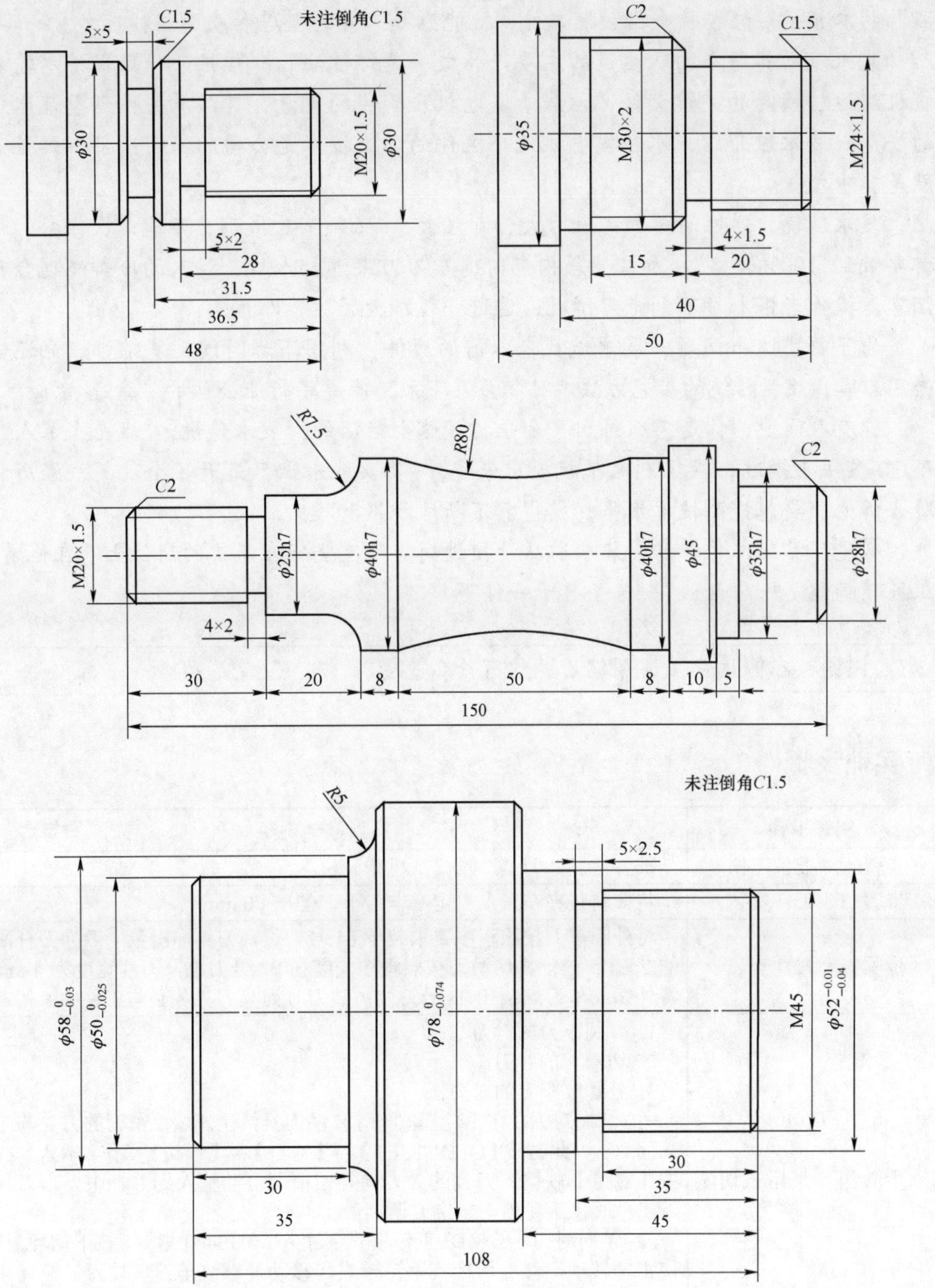

图 5－1－5　G92 指令编程练习图

扩展阅读 · 工匠精神

裴永斌是哈电集团哈尔滨电机厂有限责任公司首席技师，自进厂以来，他的岗位都是车工，从普车车工到数控车工，裴永斌在数千件核心部件生产中磨炼出了“金手指”的本领——仅靠着手指触摸工件，就能感知工件的壁厚和表面粗糙度。

裴永斌及其所在团队生产的主要产品之一是弹性油箱。弹性油箱是保持水轮发电机机组运转稳定的关键部件，承载着发电机几千吨的重量，其品质关系到整座水电站的安危。裴永斌介绍，水轮发电机几个主件的加工技术是公司的保密项目，弹性油箱就是其中之一。

裴永斌说，弹性油箱加工压力大、责任大，“必须一次成形，不能二次修补，件件都要做到 100%合格”。加工油箱内部时，车刀刀架遮挡入口，注入的冷却液也会产生烟雾，操作者根本看不到走刀情况，这进一步加大了生产难度。

为了解决这个问题，裴永斌找来以前的废件，利用下班时间反复练习。他还自制专用刀具，改变传统的工艺方法。日积月累下来，他成了行业公认的“金手指”。

曾有人问他，你是怎么练出“金手指”这个绝活的？裴永斌说，“我是个笨人，摸了 30 多年才摸准，换了别人早就摸出来了。”其实裴永斌只是开了个玩笑，经历和经验告诉他，要想提高技术水平，就得靠不断地积累和摸索。

从进厂参加工作开始，裴永斌从没换过岗，一直坚守在车工的岗位上。在他看来，工匠精神就是一句话，“一辈子只干一件事”。

讨论：在阅读完上述案例后，你有什么感受？

实训步骤

实训步骤	实训具体内容
步骤一　准备工作	准备毛坯、刀具、量具，机床开机
步骤二　工件安装	将棒料装夹在三爪自定心卡盘上，伸出 60 mm
步骤三　刀具安装	将外圆车刀按照程序要求装于 01 号刀位，刀具伸出量一般为刀杆高度的 2～1.5 倍；将切槽刀按照程序安装在 02 号刀位，刀片宽度为 4 mm；将外螺纹车刀安装在 03 号刀位；装刀时刀具刀尖务必与工件中心等高
步骤四　采用试切法对刀	1. 外圆车刀的对刀； 2. 切槽刀的对刀； 3. 外螺纹车刀的对刀： （1）Z 向对刀：在手轮模式下，移动刀具，让外螺纹车刀的刀尖与工件端面对齐，此时按【OFDETSET】→【补正】→【形状】操作。输入“Z0”，按【测量】软键，刀具的 Z 方向补偿值即自动输入到刀补中。当刀具靠近工件时，手轮倍率一定要调到最小。 （2）X 向对刀。在 MDI 工作模式下输入 M03S400 指令，按下循环启动，使主轴转动，然后切换到手轮模式，移动外螺纹车刀，让刀尖轻轻碰到工件外圆表面，然后输入已经车好外圆的实际直径值，按【OFDETSET】→【补正】→【形状】，输入外圆实际直径值，按【测量】软键，刀具 X 补偿值即自动输入到刀补中。在靠近工件时，手轮倍率一定要调到最小
步骤五　程序输入	在编辑模式下，输入程序并检查
步骤六　零件加工	打开程序，选择自动模式，调好进给倍率，按循环启动进行加工
步骤七　零件检测	工件尺寸：ϕ34 外圆、4×2 外沟槽、M27×2 外螺纹
步骤八　实训室清洁	加工结束，整理工具、量具、刀具，清理机床切屑，做好机床日常保养，搞好实训室卫生，养成良好的安全、文明生产习惯

零件检测与评分

零件加工结束后进行零件检测，检测评分标准见表 5－1－6。

表 5－1－6　三角形外螺纹车削零件加工评分表

学号		姓名		班级	
任务	三角形外螺纹车削加工			零件图号	图 5－1－1
考核模块	序号	检测内容	分值	学生自评	教师评分
工艺设计及编程	1	加工工艺制定合理，切削用量（v_c、f、a_p）选择合理	5		
	2	加工程序规范、正确、简单	25		
设备规范操作	3	机床操作、维护保养正确，刀具和工件安装、拆卸正确规范	10		
	4	文明生产（包括安全、行为规范、课堂纪律）	10		
尺寸检测	5	ϕ34 外圆	10		
	6	4×2 外沟槽	10		
	7	M27×2 外螺纹	20		
	8	长度 35 mm	5		
	9	长度 50 mm	5		
综合得分					

学习笔记

实训工单

三角形外螺纹车削加工

专业	课程	班级	姓名	学号	考核成绩

安全要点	注意规范操作机床；注意外螺纹车刀的安装；禁止两个人同时操作一台机床

一、知识总结

知识链接 1：写出单行程螺纹切削指令 G32 和单一螺纹切削循环指令 G92 的格式。

知识链接 2：写出外螺纹车刀对刀步骤（X 轴对刀和 Z 轴对刀）。

知识链接 3：车螺纹时，如何设置螺纹车刀在两端的空刀导入量和退出量？

二、运用

任务要求：完成如下图所示工件的数控编程与加工。毛坯为ϕ40×90 棒料，材料型号为 45 号钢。

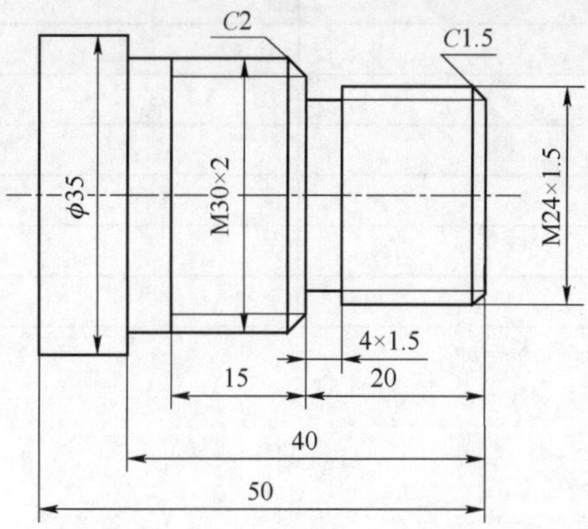

1. 刀具的选用：

2. 试根据经验公式分别计算车外螺纹 M24×1.5、M30×2 前圆柱面的直径：

$D_{实}$=

$D_{实}$=

续表

3. 根据表 5-1-1，试写出 M24×1.5 和 M30×2 外螺纹加工背吃刀量分配。

M24×1.5 外螺纹加工背吃刀量分配					
背吃刀量/mm					
直径/mm					

M30×2 外螺纹加工背吃刀量分配					
背吃刀量/mm					
直径/mm					

4. 制定零件的加工工艺路线

5. 编制外螺纹加工程序

三、调试加工（上传仿真加工效果图）

四、成绩评定

评价等级	知识掌握		过程操作	团队协作	自主学习
指导教师			日期		

实训5.2 三角形内螺纹车削加工

实训目标

1. 知识目标

（1）掌握G92指令的格式、各参数的含义。

（2）掌握常见三角形内螺纹数控加工的编程方法。

2. 技能目标

（1）会常见螺纹尺寸的计算。

（2）会内螺纹车刀对刀。

（3）会进行普通内螺纹尺寸控制。

（4）会使用内螺纹测量工具检测内螺纹尺寸。

3. 素质目标

（1）培养学生不畏困难、勇于攀登的精神。

（2）培养学生注重细节、严谨求实的工作作风，以及良好的职业习惯。

实训任务

完成如图5-2-1所示工件的数控编程与加工。毛坯为ϕ40×80棒料，材料型号为7075硬铝。

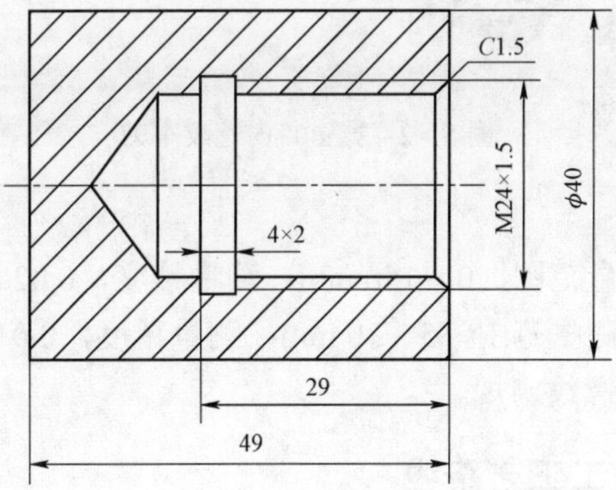

图5-2-1 三角形内螺纹加工零件图

实训主要仪器设备

1. 试验仪器

（1）试验台：FANUC 0i mate-TC系统数控机床。

（2）实训工具：三爪自定心卡盘、卡盘扳手、刀架扳手、垫刀片。

（3）测量工具：游标卡尺、内径千分尺、M24×1.5螺纹塞规。

2. 实训器材

（1）仿真器材：装有斯沃数控仿真软件的计算机 1 台。

（2）毛坯：ϕ40×80 棒料，材料型号为 7075 硬铝。

（3）刀具：93° 内孔车刀、4 mm 内沟槽车刀、60° 内螺纹车刀。

实训指导

1. 零件的技术性和工艺性分析

1）零件图分析

在本次实训任务中，主要加工表面是 M24×1.5 内螺纹、4×2 内沟槽、*C*1.5 倒角。

2）刀具选择

在本次实训任务中，选择 93° 内孔车刀完成 M24×1.5 内螺纹的底孔和倒角加工，选用 4 mm 内沟槽车刀完成 4×2 内沟槽加工，选用 60° 内螺纹车刀完成 M24×1.5 内螺纹加工。60° 内螺纹车刀如图 5－2－2 所示。

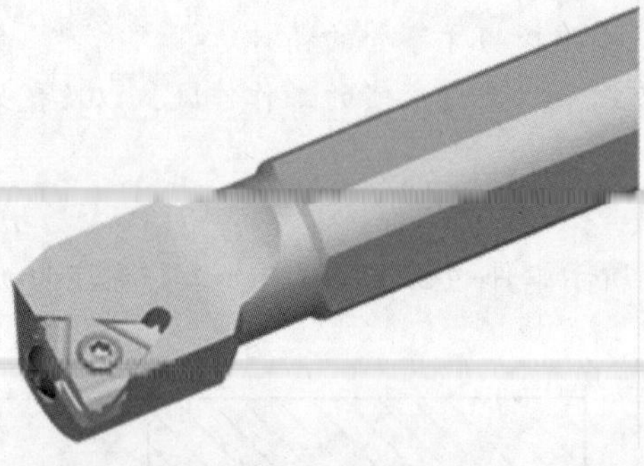

图 5－2－2　60° 内螺纹车刀

3）量具选择

（1）游标卡尺：测量范围，0～150 mm；测量精度，0.02 mm。

（2）内径千分尺：测量范围，5～30 mm；测量精度，0.01 mm。

（3）M24×1.5－6H 螺纹塞规。

2. 制定零件的加工工艺路线

1）定位基准的选择

本实训任务在已加工孔ϕ22 的基础上进行再加工，首先进行 M24×1.5 内螺纹底孔和倒角的加工，然后完成内沟槽的加工，最后进行内螺纹的车削加工。

2）加工工艺路线的确定

（1）M24×1.5 内螺纹底孔和倒角加工：主要将底孔加工至ϕ22.5，同时完成 *C*1.5 倒角加工。

（2）内沟槽加工：主要完成 4×2 的直槽加工。

（3）三角形内螺纹车削加工：主要完成 M24×1.5 内螺纹加工。

3）切削用量的选择

（1）主轴转速。

三角形螺纹加工主轴转速 n 一般根据经验公式 $n \leqslant 1\,200 / P - 80$ 进行选取，其中 P 为螺距。一般当螺距为 1.5 mm 时，主轴转速取 450 r/min 左右；当螺距为 2 mm 时，主轴转速取 400 r/min 左右。

（2）进给速度。

螺纹加工时，主轴转速与刀具进给速度有严格数量关系，即主轴转一圈，刀具移动一个待加螺纹的导程距离。在数控编程中，只要给出主轴转速，就能根据螺纹的导程确定进给速度。一般情况下，车削加工螺纹时都在每转进给模式 G99 下进行，此时的进给速度等于螺纹的导程。

（3）背吃刀量。

车削加工螺纹时，为了提高螺纹加工的质量，背吃刀量采用分次进给方式进行加工。每次进给的背吃刀量按递减规律分配。

在本次实训任务中，轴外轮廓切削用量见表 5－2－1。

表 5－2－1　轴外轮廓切削用量

刀具名称	刀具号	加工内容	主轴转速/（r/min）	进给速度/（mm/r）	背吃刀量/mm
93° 内孔车刀	T01	粗车内螺纹底孔	500	0.15	1
93° 内孔车刀	T01	精车内螺纹底孔	800～1 000	0.05	0.3
4 mm 内沟槽车刀	T02	4×2 内沟槽	300～400	0.08～0.1	
60° 内螺纹车刀	T03	车内螺纹	400	1.5	

3. 相关参数的数值计算

1）螺纹顶径的控制

在螺纹切削时，由于刀具的挤压使得最后加工出来的顶径发生塑性膨胀，从而影响螺纹的装配使用。考虑到这个问题，在螺纹切削前的圆柱加工中，应先多切除一部分材料，将外圆柱车小、内圆柱车大。

车内螺纹前底孔直径 $D_{孔}$ 的经验计算公式为

$$D_{孔} = D_{大} - P \text{（塑性材料）}$$

$$D_{孔} = D_{大} - 1.05P \text{（脆性材料）}$$

在本次实训任务中，$D_{孔}$ 为

$$D_{孔} = D_{大} - P = 24 - 1.5 = 22.5 \text{（mm）}$$

2）确定背吃刀量

先加工内孔至 $\phi\,22.5$，再根据切削经验，分 3 次车削内螺纹，背吃刀量从大到小依次递减，最后一刀相当于精加工，背吃刀量相对较小。当背吃刀量为 0.7 mm 时，刀尖在 X 方向的坐标值为底孔直径（22.5 mm）加上背吃刀量（0.7 mm），即 23.2 mm；3 次车削完成后，最终走刀至螺纹大径 24 mm 处。

M24×1.5 内螺纹加工背吃刀量分配见表 5－2－2。

表 5－2－2　M24×1.5 内螺纹加工背吃刀量分配

背吃刀量/mm	0.7	0.6	0.2
直径/mm	23.2	23.8	24

4. 编制零件的加工程序

图 5－2－1 所示的三角形内螺纹加工程序见表 5－2－3。

表 5－2－3　三角形内螺纹加工程序

O2025；	程序名
G99；	初始化进给速度为每转进给
T0101；	选择 1 号刀和 01 号刀补
M03S500；	主轴正转，转速为 500 r/min
G00X20Z3；	将 01 号刀快速移动至进刀点
G71U1R1；	粗加工循环，加工参数设定，每层切深为 1 mm，退刀量为 1 mm
G71P10Q20U－0.5W0F0.1；	轮廓循环从 N10 到 N20，X 方向精加工余量为－0.5 mm，Z 方向精加工余量为 0.1 mm，粗切进给速度为 0.2 mm/r
N10G00X24	精加工轮廓
G01Z0；	
X22.5Z－1.5；	
Z－34；	
N20X20；	
M03S900；	定义轮廓精加工转速为 900 r/min
T0101；	选择 1 号刀和 01 号刀补
G70P10Q20F0.05；	精加工循环
G00X100Z100；	回换刀点
M00；	程序暂停
M03S400；	4×2 内沟槽加工
T0202；	
G00X20Z3；	
Z－29；	

续表

G01X26.5F0.08;	4×2 外沟槽加工程序
G04X2;	
G01X20F0.3;	
G00Z100	
X100	
M00	程序暂停
M03S400;	主轴正转，转速为 400 r/min
T0303;	选择 3 号刀和 03 号刀补（内外螺纹车刀）
G00X20Z3;	定义进刀点
G92X23.2Z−26.5F1.5;	进刀
X23.8;	进刀
X24;	进刀
G00X100Z100;	刀具回换刀点
M05;	主轴停止
M30;	程序结束

5. 输入程序，调试程序，完成零件的加工

在斯沃数控仿真软件上检验程序路径，并仿真加工。

思考题

试采用 G92 指令编写如图 5－2－3 所示工件内轮廓、沟槽、内螺纹的车削加工程序。

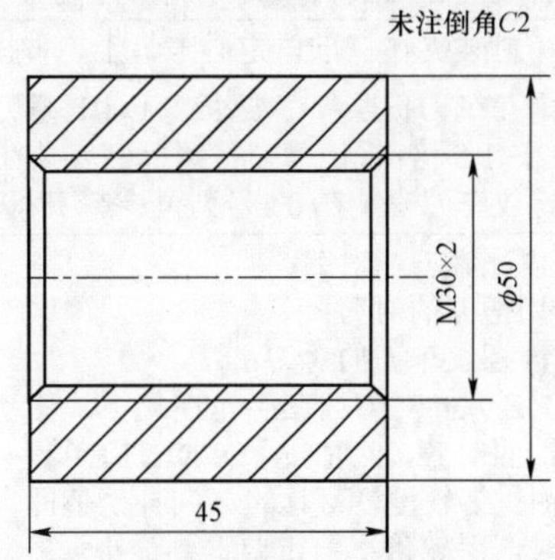

图 5－2－3　内螺纹加工编程练习图

扩展阅读 · 工匠精神

戴天方，现任中国航天科工集团第三研究院 239 厂机械加工部数控组班组长，数控铣工首席技师。

一年四季，冬寒夏暑，戴天方所在的航天科工三院 239 厂机械加工车间都是机器轰鸣。厂里的每位工人师傅都清楚，烙上航天出品的印记，就意味着产品的质量和信誉不能出一点差错。尤其是经戴天方双手加工的产品，无论是金属外部蒙皮还是内部龙骨架构，件件都是工艺品。

经过 10 余年大型薄壁舱体加工经验的积累，戴天方利用基准传递技术和精确装调技术攻破国家重点工程结构件制造难题，该课题获得当年国防科技进步一等奖。

“让每件产品成为艺术品。”这一直是戴天方的追求。

“现代数控加工技术日新月异，不学习就要被淘汰。”这是他的口头禅。随着数字化、智能化、云制造等科技的发展，智慧时代随之到来，他不甘落后，几乎把所有可以利用的时间都投入到知识和技术的学习中，先后取得了大专学历、本科学历，赴德国精密制造技术的深造更是让他如虎添翼。

2014 年，以“戴天方班组”为核心组建的“戴天方（技能大师）工作室”被北京市人力和社会资源保障部批准成为“北京市首席技师工作室”。

戴天方怀着对航天事业的热爱，对工作的一种强烈的责任感，对机械加工业浓厚的兴趣，在平凡的岗位上书写出了不平凡的人生经历，继续毅然决然地为铸就军工制造业的脊梁坚守着。

讨论：在阅读完上述案例后，你有什么感受？

实训步骤

实训步骤	实训具体内容
步骤一　准备工作	准备毛坯、刀具、量具，机床开机
步骤二　工件安装	将棒料装夹在三爪自定心卡盘上，伸出 40 mm
步骤三　刀具安装	将内孔车刀按照程序要求装于 01 号刀位，刀具伸出量一般为刀杆高度的 2～1.5 倍；将切槽刀按照程序安装在 02 号刀位，刀片宽度为 4 mm；将内螺纹车刀安装在 03 号刀位；装刀时刀具的刀尖务必与工件中心等高
步骤四　采用试切法对刀	1. 内孔镗刀的对刀； 2. 切槽刀的对刀； 3. 内螺纹车刀的对刀： （1）Z 方向对刀：在手轮模式下，移动刀具，让内螺纹车刀的刀尖与工件端面对齐，此时按【OFDETSET】→【补正】→【形状】。输入“Z0”按【测量】软键，刀具的 Z 向补偿值即自动输入到刀补中。当刀具靠近工件时，手轮倍率一定要调到最小。 （2）X 方向对刀。在 MDI 工作模式下输入 M03S400 指令，按下循环启动，使主轴转动，然后切换到手轮模式，移动内螺纹车刀，让刀尖轻轻碰到工件外圆表面，然后输入已经车好外圆的实际直径值，按【OFDETSET】→【补正】→【形状】，输入内孔实际直径值，按【测量】软键，刀具 X 补偿值即自动输入到刀补中。在靠近工件时，手轮倍率一定要调到最小

续表

实训步骤	实训具体内容
步骤五 程序输入	在编辑模式下，输入程序并检查
步骤六 零件加工	打开程序，选择自动模式，调好进给倍率，按循环启动进行加工
步骤七 零件检测	工件尺寸：M27×1.5 内螺纹。如果螺纹“过端 T”塞规正好旋进，而“止端”塞规旋不进，则说明所加工的螺纹符合要求，反之则为不合格
步骤八 实训室清洁	加工结束，整理工具、量具、刀具，清理机床切屑，做好机床日常保养，搞好实训室卫生，养成良好的安全、文明生产习惯

零件检测与评分

零件加工结束后进行零件检测，检测评分标准如表 5-2-4 所示。

表 5-2-4 三角形内螺纹加工评分表

<table>
<tr><td>学号</td><td colspan="2"></td><td>姓名</td><td></td><td>班级</td><td></td></tr>
<tr><td>任务</td><td colspan="4">三角形内螺纹车削加工</td><td>零件图号</td><td>图 5-2-1</td></tr>
<tr><td>考核模块</td><td>序号</td><td colspan="2">检测内容</td><td>分值</td><td>学生自评</td><td>教师评分</td></tr>
<tr><td rowspan="2">工艺设计及编程</td><td>1</td><td colspan="2">加工工艺制定合理，切削用量（v_c、f、a_p）选择合理</td><td>5</td><td></td><td></td></tr>
<tr><td>2</td><td colspan="2">加工程序规范、正确、简单</td><td>25</td><td></td><td></td></tr>
<tr><td rowspan="2">设备规范操作</td><td>3</td><td colspan="2">机床操作、维护保养正确，刀具和工件安装、拆卸正确规范</td><td>10</td><td></td><td></td></tr>
<tr><td>4</td><td colspan="2">文明生产（包括安全、行为规范、课堂纪律）</td><td>10</td><td></td><td></td></tr>
<tr><td rowspan="3">尺寸检测</td><td>5</td><td colspan="2">M24×1.5 内螺纹</td><td>20</td><td></td><td></td></tr>
<tr><td>6</td><td colspan="2">4×2 内沟槽</td><td>20</td><td></td><td></td></tr>
<tr><td>7</td><td colspan="2">长度 29 mm</td><td>10</td><td></td><td></td></tr>
<tr><td colspan="5">综合得分</td><td></td><td></td></tr>
</table>

学习笔记

实训工单

三角形内螺纹车削加工

专业	课程	班级	姓名	学号	考核成绩

安全要点	注意规范操作机床；注意内螺纹车刀的安装；禁止两个人同时操作一台机床

一、知识总结

知识链接 1：写出单一螺纹切削循环指令 G92 的格式。

______

______

知识链接 2：写出内螺纹车刀对刀步骤（X 轴对刀和 Z 轴对刀）。

______

______

______

______

______

二、运用

任务要求：完成如下图所示工件的数控编程与加工。毛坯为ϕ50×48 棒料，材料型号为 45 号钢，已知ϕ30 的孔已经加工至ϕ26。

未注倒角$C2$

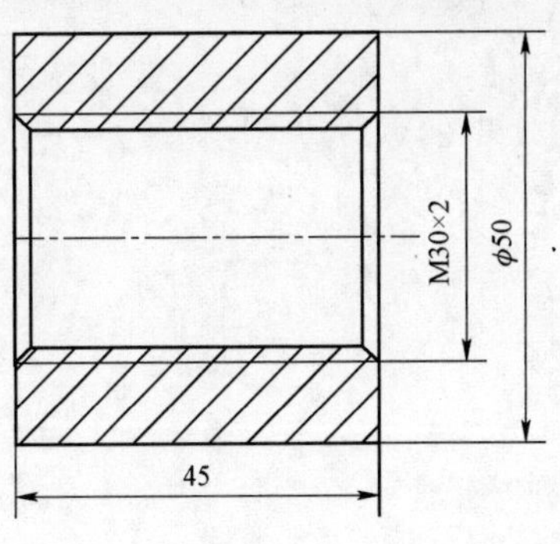

1. 刀具选择______

______

2. 试根据经验公式计算车内螺纹 M30×2 前底孔的直径

$D_{孔}$=______

3. 试写出 M30×2 内螺纹加工背吃刀量分配

______

续表

M30×2 内螺纹加工背吃刀量分配					
背吃刀量/mm					
孔直径/mm					

4. 制定零件的加工工艺路线

5. 编制内螺纹加工程序

三、调试加工（上传仿真加工效果图）

四、成绩评定

评价等级	知识掌握	过程操作	团队协作	自主学习
指导教师		日期		

项目 6

轴类零件的综合加工

- 轴类零件的综合加工
  - 螺纹轴综合加工
  - 中级职业技能训练零件综合加工

实训 6.1　螺纹轴综合加工

实训目标

1. 知识目标

（1）会识读零件图，会选择加工各表面的刀具。

（2）会对螺纹轴进行工艺分析，并设计出产品的加工工艺方案。

（3）能正确编写螺纹轴数控加工程序。

2. 技能目标

（1）掌握零件的加工方法。

（2）掌握尺寸控制及螺纹精度控制方法。

（3）完成螺纹轴的加工及检测。

3. 素质目标

（1）培养学生精益求精、毫厘不差的工匠精神。

（2）培养学生注重细节、严谨求实的工作作风，以及良好的职业习惯。

实训任务

完成如图 6－1－1 所示工件的数控编程与加工。毛坯为 $\phi36\times120$ 棒料，材料型号为 45 号钢。

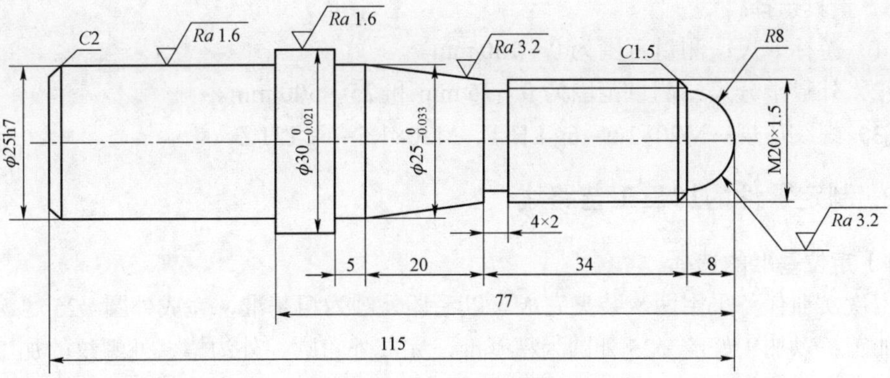

图 6－1－1　螺纹轴加工零件图

实训主要仪器设备

1. 试验仪器

（1）试验台：FANUC 0i mate－TC 系统数控机床。

（2）实训工具：三爪自定心卡盘、卡盘扳手、刀架扳手、垫刀片。

（3）测量工具：游标卡尺、外径千分尺。

2. 实训器材

（1）仿真器材：装有斯沃数控仿真软件的计算机 1 台。

（2）毛坯：ϕ36×120 棒料，材料型号为 45 号钢。

（3）刀具：90° 外圆车刀、4 mm 外沟槽车刀、60° 外螺纹车刀。

实训指导

1. 零件的技术性和工艺性分析

1）零件图分析

本次实训任务引入的是外形轮廓整体加工、掉头加工外螺纹的工件，工件材料为 45 号钢，主要训练学生数控编程及加工综合能力，为职业技能鉴定服务。如图 6－1－1 所示零件，其主要加工表面是ϕ25 外圆、ϕ30 外圆、圆锥面、4×2 外沟槽、M20×1.5 外螺纹、*R*8 圆弧曲面。

尺寸精度：本次实训任务中精度要求不高，主要通过在加工过程中的准确对刀、正确设置刀补及磨耗，以及制定合适的加工工艺等措施来保证。

形位精度：本次实训任务中未标注形位公差，形位精度要求不高，通过机床精度及一次装夹加工可以达到要求。

表面粗糙度：本次实训任务中，加工后的表面粗糙度要求为 1.6，可通过选用合适的刀具，正确的粗、精加工路线，合理的切削用量等来保证。

2）刀具选择

90° 外圆车刀、4 mm 外沟槽车刀、60° 外螺纹车刀。

3）量具选择

（1）游标卡尺：测量范围为 0～150 mm。

（2）外径千分尺：测量范围为 0～25 mm 和 25～500 mm。

（3）螺纹环规：M20×1.5－6g LH T、M20×1.5－6g LH Z。

2. 制定零件的加工工艺路线

1）定位基准的选择

本次实训任务采用两次装夹完成。以毛坯外圆为粗基准，完成外圆 ϕ25、ϕ30 及倒角加工；以加工好的 ϕ25 外圆为精基准，完成外轮廓、外沟槽、外螺纹的加工。

2）加工工艺路线的确定

（1）采用手动切削方式，车工件左端面，在加工过程中进行对刀操作。

（2）采用外圆粗、精车循环指令加工工件左端轮廓，加工时将外圆 ϕ35 表面加工至 Z－50 位置，以防止接刀痕迹。

（3）检测零件左端尺寸。

（4）掉头装夹（用铜皮包住 ϕ25 外圆装夹），对 ϕ38 外圆表面进行精确的找正。

（5）采用手动切削方式车工件右端面，注意精确保证工件的总长，在加工过程中进行对刀操作。

（6）采用外圆粗、精车循环指令加工工件右端轮廓。

（7）采用外沟槽车刀车 4×16 的沟槽。

（8）粗、精车外螺纹。

（9）检测零件右端尺寸。

3）切削用量的选择

数控车削用刀具及切削用量参数见表 6－1－1。

表 6－1－1　数控车削用刀具及切削用量参数表

刀具名称	刀具号	加工内容	主轴转速/（r/min）	进给速度/（mm/r）	背吃刀量/mm
90° 外圆车刀	T01	手动车端面	350～400	手轮×0.01	1
90° 外圆车刀	T01	粗车左端轮廓	500	0.15	1
90° 外圆车刀	T01	精车左端轮廓	800～1 000	0.05	0.3
90° 外圆车刀	T01	手动车端面	350～400	手轮×0.01	1
90° 外圆车刀	T01	粗车右端轮廓	500	0.15	1
90° 外圆车刀	T01	精车右端轮廓	800～1 000	0.05	0.3
4 mm 外沟槽车刀	T02	车外沟槽	300～400	0.08～0.1	
60° 外螺纹车刀	T03	车外螺纹	400	1.5	

3. 编制零件的加工程序

对零件的左、右端轮廓表面分别编写加工程序，且分别进行对刀。

1）加工左端轮廓表面

在加工左端轮廓表面时，夹住工件毛坯外圆，伸出 60 mm 左右，根据轴类零件工件坐标系建立原则，工件坐标系设置在工件右端面轴线上。

图 6－1－1 所示螺纹轴左端加工程序见表 6－1－2。

表 6－1－2　螺纹轴左端加工程序

O0210；	程序名
G99；	初始化进给速度为每转进给
M03S500；	主轴正转，转速为 500 r/min
T0101；	选择 1 号刀和 01 号刀补
G00X37Z2；	循环起点：*X* 值务必大于毛坯直径

续表

G71U1R0.5；	粗加工循环，每层切削深度为 1 mm，退刀量为 0.5 mm
G71P10Q20U0.6W0.2F0.15；	精加工轮廓从 N10 到 N20，*X*、*Z* 方向余量分别是 0.6 mm 和 0.2 mm，粗加工进给速度为 0.15 mm/s
N10G00X21；	精加工轮廓
G01Z0；	
X25Z－2；	
Z－38；	
X30；	
Z－54；	
N20X37；	
M00；	程序暂停
G00X100Z100；	退刀至换刀点
T0101；	选择 1 号刀和 01 号刀补
M03S900；	定义精加工转速
G00X37Z2；	快速定位到循环起点
G70P10Q20F0.05；	零件轮廓精加工
G00X100Z100；	刀具回到换刀点
M05；	主轴停止
M30；	程序结束

2）加工右端轮廓表面

在加工右端轮廓表面时，夹住工件ϕ25 外圆，以右端面中心建立工件坐标系，手动车端面、钻孔。图 6－1－1 所示螺纹轴右端加工程序见表 6－1－3。

表 6－1－3　螺纹轴右端加工程序

O2020；	程序名
T0101；	选择 1 号刀和 01 号刀补
M03S500；	主轴正转，转速为 500 r/min
G99；	初始化进给速度为每转进给
G00X37Z2；	循环起点
G71U1R0.5；	粗加工循环，背吃刀量为 1 mm，退刀量为 0.5 mm
G71P10Q20U0.6W0.2F0.15；	加工轮廓从 N10 到 N20，*X*、*Z* 方向余量分别是 0.6 mm 和 0.2 mm，粗加工进给速度为 0.15 mm/s
N10G00X0；	精加工轮廓
G01Z0；	

续表

G03X16Z－8R8；	精加工轮廓
G01X17；	
X19.85Z－9.5；	
Z－42；	
X25Z－62；	
Z－67；	
N20X37	
G00X100Z100；	退刀至换刀点
T0101；	选择 1 号刀和 01 号刀补
M03S900；	定义精加工转速
G00X37Z2；	快速定位到循环起点
G70P10Q20F0.05；	零件轮廓精加工
G00X100Z100；	刀具回到换刀点
M00；	暂停
T0202；	选择 2 号刀和 02 号刀补
M03S500；	定义切槽加工主轴转速
G00X37Z2；	起刀点
Z－42；	切槽加工
G01X16F0.08；	
G04X3；	
G01X37F0.2；	
G00Z2	退刀至起刀点
X100Z100；	退刀至换刀点
M00；	暂停
T0303；	选择 3 号刀和 03 号刀补
G99；	指定每转进给速度
M03S400；	螺纹加工转速
G00X23Z2；	循环起点
Z－6；	Z 方向移动至进刀点
G92X19.2Z－40F1.5；	螺纹车削加工
X18.7；	
X18.2；	
X18.05；	
G00X100Z100；	退刀至换刀点
M05；	主轴停止
M30；	程序结束

4. 输入程序，调试程序，完成零件的加工

在斯沃数控仿真软件上检验程序路径，并仿真加工。

思考题

试编写如图 6－1－2 所示零件轮廓的加工程序，并完成加工。

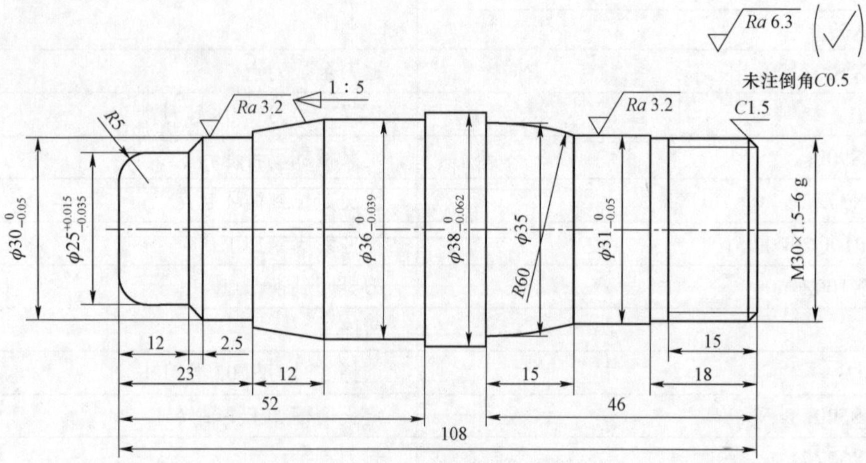

图 6－1－2　螺纹轴综合加工练习图

扩展阅读 · 工匠精神

邹鹏，1987 年 2 月出生，现任郑州动车段郑州动车所动车组机械师。这位“动车医生”始终保持着强烈的责任感和精益求精的工作状态，不断探索富有创造性、建设性的思路及设想，注重理论和实践相结合，为动车组检修奉献力量。

在日常工作中，邹鹏致力于动车检修、日常培训、技术攻关等，在他的带领下，通过开展动车组技能培训、研修、攻关、交流等活动，逐步形成了技能创新成果和新理念、新方法，实现管理规范化、作业标准化，保障动车组上线绝对安全。

工作以来，邹鹏盯控二级修作业闸片更换 300 多对，盯控研磨子更换达到 2 000 多块，碳滑板 100 多根，辅助改造压缩机调压阀 21 次，更换 TCU、ACU 变流器 80 余次，升级各类软件 30 余次。针对 CRH5A、CRH380A 型动车组全列制动不缓解、全列牵引无流、机车救援及受电弓升不起等故障编写了相应的处理流程及方案。该方案不仅是对电路图基础原理的理解，更是故障处理指南，对技术员应对此类故障起到了指导作用，同时也加深了从业人员对动车组的理解和熟悉。

讨论：在阅读完上述案例后，你有什么感受？

实训步骤

实训步骤	实训具体内容
步骤一　准备工作	准备毛坯、刀具、量具，机床开机
步骤二　工件安装	左端外轮廓（ϕ25 和 ϕ30 外圆）在装夹毛坯外圆中完成，右端外轮廓、切槽、外螺纹在掉头装夹 ϕ25 外圆（精基准）完成
步骤三　刀具安装	按照程序要求，将外圆车刀装于 01 号刀位，将外沟槽车刀装于 02 号刀位，将 60° 外螺纹车刀装于 03 号刀位
步骤四　采用试切法对刀	1. 外圆车刀的对刀； 2. 外沟槽车刀的对刀； 3. 外螺纹车刀的对刀：加工有螺纹的左端时，在加工零件轮廓前，分别完成外圆车刀、外沟槽车刀、外螺纹车刀对刀
步骤五　程序输入	在编辑模式下，输入程序并检查
步骤六　零件加工	打开程序，选择自动模式，调好进给倍率，按循环启动进行加工
步骤七　零件检测	工件尺寸：外圆 ϕ25、ϕ30、M20×1.5 螺纹、零件的总长
步骤八　实训室清洁	加工结束，整理工具、量具、刀具，清理机床切屑，做好机床日常保养，搞好实训室卫生，养成良好的安全、文明生产习惯

学习笔记

实训工单

螺纹轴综合加工任务单

<table>
<tr><td>专业</td><td>课程</td><td colspan="2">班级</td><td>姓名</td><td>学号</td><td>考核成绩</td></tr>
<tr><td></td><td></td><td colspan="2"></td><td></td><td></td><td></td></tr>
<tr><td>任务名称</td><td colspan="6">螺纹轴综合加工</td></tr>
<tr><td>考核项目</td><td>序号</td><td>考核内容</td><td>配分</td><td>评分标准</td><td>教师检查值</td><td>教师评分</td></tr>
<tr><td rowspan="7">工件评分（60 分）</td><td>1</td><td>完成度</td><td>5</td><td>整体完成情况</td><td></td><td></td></tr>
<tr><td>2</td><td>$\phi 25h7$</td><td>10</td><td>超差 0.01 扣 1 分</td><td></td><td></td></tr>
<tr><td>3</td><td>$\phi 30_{-0.021}^{0}$</td><td>10</td><td>超差 0.01 扣 1 分</td><td></td><td></td></tr>
<tr><td>4</td><td>$\phi 25_{-0.033}^{0}$</td><td>10</td><td>超差 0.01 扣 1 分</td><td></td><td></td></tr>
<tr><td>5</td><td>4×2 外沟槽</td><td>10</td><td>是否合格</td><td></td><td></td></tr>
<tr><td>6</td><td>螺纹：M20×1.5</td><td>10</td><td>是否合格</td><td></td><td></td></tr>
<tr><td>7</td><td>长度：115±0.11</td><td>5</td><td>超差 0.1 扣 2 分</td><td></td><td></td></tr>
<tr><td>程序编制（20 分）</td><td>8</td><td>程序正确合理</td><td>20</td><td>程序格式、完整性，视严重性，不合理每处扣 1～5 分</td><td></td><td></td></tr>
<tr><td rowspan="3">职业素养（20 分）</td><td>9</td><td>设备操作规范性</td><td>5</td><td>装刀、装工件、机床操作是否规范</td><td></td><td></td></tr>
<tr><td>10</td><td>工量具使用规范性</td><td>5</td><td>工量具使用是否规范</td><td></td><td></td></tr>
<tr><td>11</td><td>文明生产</td><td>10</td><td>人身、机床、刀具安全</td><td></td><td></td></tr>
<tr><td>缺陷</td><td>12</td><td>工件缺陷、外形与图纸不符</td><td>否定项</td><td>每次倒扣 1～10 分</td><td></td><td></td></tr>
<tr><td colspan="6">总分</td><td></td></tr>
<tr><td colspan="7">注意：若由于明显违反职业道德、课堂纪律或安全操作过程，出现损害机床、工具、夹具、刀具和量具等情况，后果较严重者，职业素养考核项目判罚为零分。</td></tr>
<tr><td>指导教师</td><td colspan="2"></td><td colspan="2">日期</td><td colspan="2"></td></tr>
</table>

实训 6.2　中级职业技能训练零件综合加工

实训目标

1. 知识目标

（1）会识读零件图。

（2）会选择加工各表面的刀具。

（3）会制定零件的加工工艺方案。

（4）能正确编写零件数控加工程序。

2. 技能目标

（1）掌握零件的加工方法。

（2）掌握尺寸控制方法。

（3）完成零件的加工及检测。

3. 素质目标

（1）培养学生注重细节、严谨求实的工作作风。

（2）培养学生精益求精的工匠精神。

实训任务

完成如图 6-2-1 所示零件的数控编程与加工。毛坯材料型号为 45 号钢，尺寸为 $\phi 60\times105$。

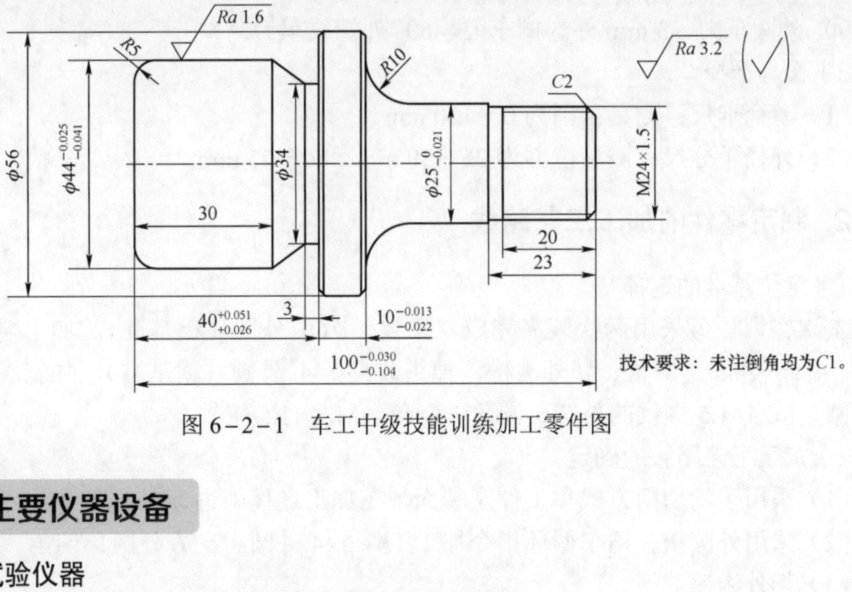

图 6-2-1　车工中级技能训练加工零件图

实训主要仪器设备

1. 试验仪器

（1）试验台：FANUC 0i mate-TC 系统数控机床。

（2）实训工具：三爪自定心卡盘、卡盘扳手、刀架扳手、垫刀片。

（3）测量工具：游标卡尺、外径千分尺。

2. 实训器材

（1）仿真器材：装有斯沃数控仿真软件的计算机 1 台。

（2）毛坯：铸铁，材料型号为 45 号钢。

（3）刀具：90° 外圆车刀、3 mm 外沟槽车刀、60° 外螺纹车刀。

实训指导

1. 零件的技术性和工艺性分析

1）零件图分析

本次实训任务引入的是在数控机床上完成零件外轮廓、外沟槽、外螺纹的整体加工，主要训练学生数控编程及加工综合能力，为职业技能鉴定服务。如图 6-2-1 所示加工零件，其主要加工表面是ϕ44 外圆、ϕ56 外圆、ϕ25 外圆、外沟槽、M24×1.5 外螺纹。

尺寸精度：本次实训任务中精度要求高的位置为ϕ44 外圆、ϕ25 外圆、长度方向 40 mm 和 10 mm 位置，主要通过在加工过程中的准确对刀、正确设置刀补及磨耗，以及制定合适的加工工艺等措施来保证。

形位精度：本次实训任务中未标注形位公差，形位精度要求不高，通过机床精度可以达到要求。

表面粗糙度：本次实训任务中，加工后的表面粗糙度要求为 1.6，可通过选用合适的刀具，正确的粗、精加工路线，合理的切削用量等来保证。

2）刀具选择

90° 外圆车刀、3 mm 外沟槽车刀、60° 外螺纹车刀。

3）量具选择

（1）游标卡尺：测量范围为 0～150 mm。

（2）外径千分尺：测量范围为 25～50 mm 和 0～25 mm。

2. 制定零件的加工工艺路线

1）定位基准的选择

本次实训任务采用两次装夹完成。先装夹ϕ60 外圆（粗基准），加工端面、ϕ44 外圆、ϕ56 外圆、倒角、切外沟槽，掉头装夹ϕ44 外圆（精基准），加工端面、ϕ25 的外圆、M24×1.5 螺纹的外圆、圆角、倒角、M24×1.5 螺纹。

2）加工工艺路线的确定

（1）采用手动切削方式车工件左端面，在加工过程中进行对刀操作。

（2）采用外圆粗、精车循环指令加工工件ϕ44 外圆、ϕ56 外圆、倒角。

（3）切外沟槽。

（4）检测零件左端尺寸。

（5）掉头装夹（用铜皮包住 ϕ60 外圆装夹）。

（6）采用手动切削方式车工件右端面，注意精确保证工件的总长在尺寸公差范围内，在加工过程中进行对刀操作。

（7）采用内外圆粗、精车循环指令加工工件右端轮廓、ϕ25 外圆、M24×1.5 螺纹的外圆、圆角、倒角。

（8）车 M24×1.5 螺纹。

（9）检测零件右端尺寸。

（10）最终检验。

3）切削用量的选择

数控车削用刀具及切削用量参数表见表 6－2－1。

表 6－2－1　数控车削用刀具及切削用量参数表

刀具名称	刀具号	加工内容	主轴转速/（r/min）	进给速度/（mm/r）	背吃刀量/mm
90°外圆车刀	T01	手动车端面	400～500	手轮×0.01	1
90°外圆车刀	T01	粗车左端轮廓	600 左右	0.15	1
90°外圆车刀	T01	精车左端轮廓	900～1 200	0.05	0.3
3 mm 外沟槽车刀	T02	车外沟槽	400～600	0.1	3 mm
90°外圆车刀	T01	手动车端面	400～500	手轮×0.01	1
90°外圆车刀	T01	粗车右端轮廓	600 左右	0.15	1
90°外圆车刀	T01	精车右端轮廓	900～1 200	0.05	0.3
60°外螺纹车刀	T03	M24×1.5 螺纹	400 左右	1.5	

3. 编制零件的加工程序

对零件的左、右端轮廓表面分别编写加工程序，且分别进行对刀。

1）加工左端轮廓表面

在加工左端轮廓表面时，夹住工件毛坯 ϕ60 外圆，伸出 60 mm 左右，根据轴类零件工件坐标系建立原则，工件坐标系设置在工件左端面轴线上。图 6－2－1 所示零件左端轮廓表面加工程序见表 6－2－2。

表 6－2－2　左端轮廓表面加工程序

外轮廓加工程序	外沟槽加工程序
O0210；	O0211；
G99；	G99；
M03S600；	M03S500；

续表

外轮廓加工程序	外沟槽加工程序
T0101；	T0202；
G00X63Z2；	G00X57Z3；
G71U1R0.5；	G01Z-40F1；
G71P10Q20U0.6W0.2F0.15；	G01X34F0.1；
N10G00X34；	G04X2；
G01Z0；	G01X46F0.3；
G03X56Z-5R5；	Z-37F1；
G01Z-40；	X34Z-40F0.1；
X54；	G01X46F0.3；
X56Z-41；	Z-34F1；
Z-52；	X34Z-40F0.1；
N20X63；	G01X46F0.3；
M00；	Z-31F1；
G00X100Z100；	X34Z-40F0.1；
T0101；	G01X46F0.3；
M03S1000；	Z-30F1；
G00X63Z2；	X34Z-40F0.1；
G70P10Q20F0.05；	G01X46F0.3；
G00X100Z100；	G00Z3；
M05；	X100Z100；
M30；	M05；
	M30；

2）加工右端轮廓表面

在加工右端轮廓表面时，夹住工件ϕ44外圆，以右端面中心建立工件坐标系，手动车端面，保证零件总长度在尺寸公差范围内。图6-2-1所示零件右端轮廓表面加工程序见表6-2-3。

表6-2-3 右端轮廓表面加工程序

外轮廓加工程序	螺纹加工程序
O2020；	O2020；
T0101；	G99；

续表

外轮廓加工程序	螺纹加工程序
M03S600；	T0303；
G99；	M03S400；
G00X63Z2；	G00X26Z3；
G71U1R0.5；	G92X23.2Z－20F1.5；
G71P10Q20U0.6W0.2F0.15；	X22.7；
N10G00X21；	X22.2；
G01Z0；	X22.15；
X23.85Z－2；	G00X100Z100；
Z－23；	M05；
X25；	M30；
Z－40；	
G02X45Z－50R10；	
G01X54；	
X56Z－51；	
N20X63；	
G00X100Z100；	
T0101；	
M03S1000；	
G00X63Z2；	
G70P10Q20F0.05；	
G00X100Z100；	
M30；	

4. 输入程序，调试程序，完成零件的加工

在斯沃数控仿真软件上检验程序路径，并仿真加工。

思考题

试编写如图 6－2－2 所示零件轮廓的加工程序，并完成加工。

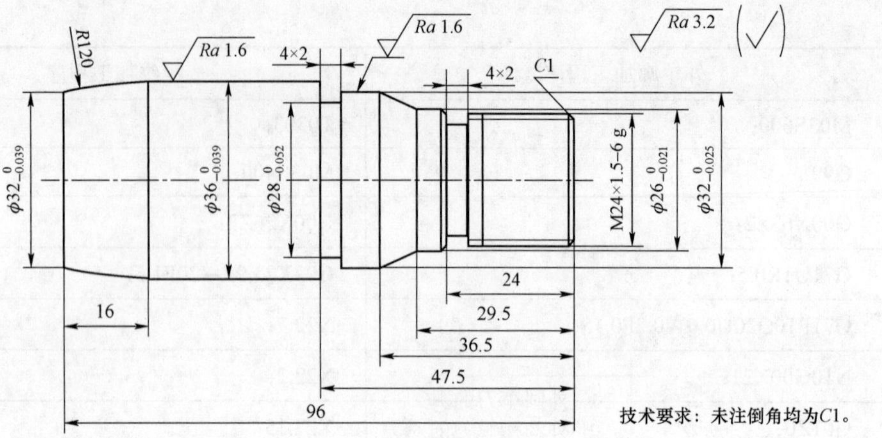

图 6-2-2　练习图

扩展阅读 · 工匠精神

张雪松，1973 年出生，中国中车唐山机车车辆有限公司铝合金分厂数控机床装调维修工、高级技师，获得全国道德模范、全国优秀共产党员、全国劳动模范等荣誉称号。

作为中国第一代高铁工人，张雪松自 1992 年参加工作以来，从一名钳工开始，不断提升自己的技能，成为新一代技术工人和具有多个专业技能的复合型人才。他勤勤恳恳，不怕吃苦，不计较个人得失，以乐观而积极向上的工作状态感染着身边的每一个人。在工作中，他积极总结经验，认真履行工作职责，不仅带领出一批优秀的技术工人，而且成为车体设备维修一线的中坚力量。

“干一行，爱一行，专一行，精一行”是他毕生追求的目标，虽然他已工作多年，但他常说学无止境。对于张雪松而言，他用自己的行动践行着“工匠精神”的理念，这是一种锲而不舍的追求，更是一种精益求精、追求卓越的职业态度。在面临铝合金型材的焊接技术难题时，他带领班组不畏艰难，迎难而上，经过上千次实验后，总结出了新的焊接工艺方法，攻克了这一技术难关，对于搭建中国标准化动车组产品技术平台发挥了重要作用。

面对新形势，不断创新，与时俱进，这是张雪松他们这一代高铁工人的共同特质。他积极转变思路，注重发挥团队的力量，积极发挥团队中互联网人才的优势，带领团队研究和推广铝合金车体的“智能制造”新模式，让车体制造技术更加标准化、智能化。

作为“高铁工匠”的代表，他平凡而朴实，把满身的苦和累，把满腔的爱和热情融进铝合金车体制造中去，用实际行动彰显出共产党员的先进性。

讨论：在阅读完上述案例后，你有什么感受？

实训步骤

实训步骤	实训具体内容
步骤一　准备工作	准备毛坯、刀具、量具，机床开机
步骤二　工件安装	先装夹ϕ60 外圆（粗基准），加工端面、ϕ44 外圆、ϕ56 外圆、倒角、切外沟槽，再掉头装夹ϕ44 外圆（精基准），加工端面、ϕ25 外圆、M24×1.5 螺纹的外圆、圆角、倒角、M24×1.5 螺纹
步骤三　刀具安装	按照程序要求，将外圆车刀装于 01 号刀位，将 3 mm 外沟槽车刀装于 02 号刀位，将 60°外螺纹车刀装于 03 号刀位
步骤四　采用试切法对刀	1. 外圆车刀的对刀； 2. 外沟槽车刀的对刀； 3. 60°外螺纹车刀对刀：加工左端时，在加工零件轮廓前，分别完成外圆车刀和外沟槽车刀对刀。 加工右端时，在加工零件轮廓前，分别完成外圆车刀和 60°外螺纹车刀对刀
步骤五　程序输入	在编辑模式下，输入程序并检查
步骤六　零件加工	打开程序，选择自动模式，调好进给倍率，按循环启动进行加工
步骤七　零件检测	工件尺寸：ϕ44 外圆、ϕ56 外圆、ϕ25 外圆、外沟槽、M24×1.5 外螺纹加工，零件 10 mm、40 mm、100 mm 的长度
步骤八　实训室清洁	加工结束，整理工具、量具、刀具，清理机床切屑，做好机床日常保养，搞好实训室卫生，养成良好的安全、文明生产习惯

学习笔记

实训工单

中级职业技能训练零件综合加工任务单

专业	课程	班级	姓名	学号	考核成绩
任务名称	中级职业技能训练零件综合加工				

考核项目	序号	考核内容	配分	评分标准	教师检查值	教师评分
工件评分（60 分）	1	完成度	5	整体完成情况		
	2	ϕ44 外圆	10	超差 0.01 扣 1 分		
	3	外沟槽　*Ra*3.2	10	超差无分，降级无分		
	4	ϕ25 外圆	10	超差 0.01 扣 1 分		
	5	40 mm 长度	5	超差 0.01 扣 1 分		
	6	100 mm 长度	10	超差 0.1 扣 2 分		
	7	M24×1.5 螺纹	10	螺纹环规检测合格得满分，不合格不得分		
程序编制（20 分）	8	程序正确合理	20	程序格式、完整性，视严重性，不合理每处扣 1～5 分		
职业素养（20 分）	9	设备操作规范性	5	装刀、装工件、机床操作是否规范		
	10	工量具使用规范性	5	工量具使用是否规范		
	11	文明生产	10	人身、机床、刀具安全		
缺陷	12	工件缺陷、外形与图纸不符	否定项	每次倒扣 1～10 分		
总分						

注意：若由于明显违反职业道德、课堂纪律或安全操作过程，出现损害机床、工具、夹具、刀具和量具等情况，后果较严重者，职业素养考核项目判罚为零分。

指导教师		日期	

附录A FANUC 系统常用编程代码指令（数车）

指令代码	指令用途	指令格式	指令注释
G00	快速定位	G00 X___Z___;	X、Z 为终点坐标值
G01	直线插补	G01 X___Z___F___;	X、Z 为终点坐标值，F 为进给速度
G02	顺时针圆弧插补	G02 X___Z___R___F___;	X、Z 为终点坐标值，R 为圆弧半径，F 为进给速度。以后置刀架机床为例，顺时针圆弧插补指令为 G02，逆时针圆弧插补指令为 G03
G03	逆时针圆弧插补	G03 X___Z___R___F___;	
G04	进给暂停	G04 X___; G04 P___; G04 U___;	X、P、U 为暂停时间，X 的单位为 s，P、U 的单位为 ms
G90	内外圆柱面车削循环	G90 X___Z___R___F___;	X、Z 为终点坐标值，R 为圆锥半径差值（对于圆柱面，R 为 0），F 为进给速度
G94	平/锥端面车削循环	G94 X___Z___R___F___;	X、Z 为终点坐标值，R 为圆锥长度差值（对于圆柱面，R 为 0），F 为进给速度
G92	单一螺纹切削循环	G92X___Z___R___F___;	X、Z 为终点坐标值，R 为螺纹锥度半径差值（对于圆柱螺纹，R 为 0），F 为导程
G70	内外圆精车循环	G70 P___Q___;	P 精车第一程序段号，Q 精车最后程序段号
G71	内外圆粗车循环	G71 U___ R___; G71P___Q___U___W___F___;	第一行：U 为切削深度，R 为退刀量。 第二行：P 精车第一程序段号，Q 精车最后程序段号，U 为径向余量，W 为轴向余量，F 为进给速度
G72	端面粗加工复合循环	G72 W___R___; G72 P___Q___U___W___F___;	第一行：W 为切削深度，R 为退刀量。 第二行：P 精车第一程序段号，Q 精车最后程序段号，U 为径向余量，W 为轴向余量，F 为进给速度
G73	型车复合循环粗加工	G73 U___W___R___; G73 P___Q___U___W___F___;	第一行：U 为总切削量，R 为粗车次数。 第二行：P 精车第一程序段号，Q 精车最后程序段号，U 为径向余量，W 为轴向余量，F 为进给速度

续表

指令代码	指令用途	指令格式	指令注释
G74	端面槽多重循环	G74 R___; G74X___Z___P___Q___R___F___;	第一行：R 为每次退刀量。 第二行：X、Z 为终点坐标值，P 为径向每次移动量，Q 为轴向每次断续切削量，R 为切削至轴向切削终点后径向（*X* 轴）的退刀量，F 为进给速度
G75	内外沟槽多重循环	G75R___; G75X___Z___P___Q___R___F___;	第一行：R 为每次退刀量。 第二行：X、Z 为终点坐标值，P 为径向每次断续切削量，Q 为轴向每次移动量，R 为切削至径向切削终点后径向（*X* 轴）的退刀量，F 为进给速度
G76	螺纹多重切削循环	G76 P___Q___R___; G76 X___Z___P___Q___R___F___;	第一行：P 精车次数+退尾量+刀尖角度，Q 为最小切入量，R 为精车余量。 第二行：P 精车第一程序段号，Q 精车最后程序段号，U 为径向余量，W 为轴向余量，F 为螺距
G98	每分钟进给		将进给速度设置为每分钟进给速度
G99	每转进给		将进给速度设置为每转进给速度
T	刀具功能	T0101	换 1 号刀，执行 01 号刀补
S	转速功能	S800	指定主轴转速为 800 r/min
M00	程序暂停	M00	程序暂停
M03	主轴正转	M03 S800	主轴正转，指定主轴转速为 800 r/min
M04	主轴反转		
M05	主轴停止		
M08	冷却液开		
M09	冷却液关		
M30	主程序结束并返回程序开头		
M98	调用子程序	M98 P021234	调用两次 O1234 子程序
M99	结束调用子程序	M99	调用子程序结束，返回主程序

附录 B　FANUC 系统常用编程代码指令（数铣/加工中心）

指令代码	指令用途	指令格式	指令注释
G00	快速定位	G00 X___Y___Z___;	X、Y、Z 为终点坐标值
G01	直线插补	G01 X___Y___Z___F___;	X、Y、Z 为终点坐标值，F 为进给速度
G02	顺时针圆弧插补	G17 G02 X___Y___R___ F___; G17 G02 X___Y___I___J___ F___;	X、Y 为终点坐标值，R 为圆弧半径，F 为进给速度。当圆弧圆心角≤180°时，圆弧半径取正值；当 180°＜圆弧圆心角＜360°时，圆弧半径取负值；整圆时，只能用 I、J 格式编程；I 为圆心相对于圆弧起点在 *X* 轴方向上的坐标增量，J 为圆心相对于圆弧起点在 *Y* 轴方向上的坐标增量
G03	逆时针圆弧	G17 G03 X___Y___R___ F___; G17 G03 X___Y___I___J___ F___;	
G01	倒角	G01 X___Y___, C___;	X、Y 为两边线交点坐标值；C 为倒角边长
G01	倒圆角	G01 X___Y___, R___;	X、Y 为两边线交点坐标值；R 为倒圆角半径
G04	进给暂停	G04 X___; G04 P___; G04 U___;	X、P、U 为暂停时间，X 的单位为 s，P、U 的单位为 ms
G17	XY 插补平面选择		
G18	ZX 插补平面选择		
G19	YZ 插补平面选择		
G20	英制尺寸单位		
G21	米制尺寸单位		系统默认为米制尺寸单位
G40	取消刀具半径补偿	G40 G0(G1) X___Y___;	
G41	刀具半径左补偿	G41 G0(G1) X___Y___D___ F___;	沿着刀具的进给方向看，若刀具在工件被切轮廓的左侧，则为左补偿 G41；反之，则为右补偿 G42
G42	刀具半径右补偿	G42 G0(G1) X___Y___D___ F___;	

续表

指令代码	指令用途	指令格式	指令注释
G43	刀具长度正向补偿	G43 G0(G1) Z___H___ F___;	H 为刀具长度补偿代号地址
G44	刀具长度负向补偿	G44 G0(G1) Z___H___ F___;	
G49	取消刀具长度补偿	G49 G0(G1) Z___F___;	
G52	局部坐标系设定（坐标系平移）	G52 X___Y___Z___;	建立局部坐标系，X、Y、Z 为局部坐标系原点在工件坐标系中的坐标值
		G52 X0 Y0 Z0;	取消局部坐标系
G54~G59	选择工件坐标系		
G68	坐标系旋转	G68 X___Y___R___;	X、Y 为旋转中心坐标； R 为旋转角度，若逆时针旋转，R 取正值，反之，R 取负值
G69	取消坐标系旋转	G69;	
G73	孔底断屑渐进钻削循环	G98/G99 G82 X___Y___ Z___R___Q___F___;	G98 刀具返回初始平面，G99 刀具返回 R 平面； X、Y 为孔位坐标；Z 为孔深坐标；R 为参考平面坐标，通常取距离工件上表面 5mm；Q 为每次钻深；F 为进给速度
G80	取消固定循环	G80;	
G81	高速钻削循环	G98/G99 G81 X___Y___ Z___R___F___;	G98 刀具返回初始平面，G99 刀具返回 R 平面； X、Y 为孔位坐标；Z 为孔深坐标；R 为参考平面坐标，通常取距离工件上表面 5mm；F 为进给速度
G82	锪孔循环	G98/G99 G82 X___Y___ Z___R___P___F___;	P 为刀具在孔底进给暂停时间，单位为 ms
G90	绝对尺寸编程		
G91	增量尺寸编程		
G94	每分钟进给		
G95	每转进给		
G98	固定循环返回初始平面		

续表

指令代码	指令用途	指令格式	指令注释
G99	固定循环返回R平面		
T	刀具功能	T01	选择 1 号刀
S	转速功能	S800	指定主轴转速为 800 r/min
M03	主轴正转	M03 S800	主轴正转，指定主轴转速为 800 r/min
M04	主轴反转		
M05	主轴停止		
M06	换刀	T01 M06;	将 1 号刀装至主轴
M08	冷却液开		
M09	冷却液关		
M98	调用子程序	M98 P021234	调用两次 O1234 子程序
M99	结束调用子程序	M99	调用子程序结束，返回主程序

参考文献

[1] 张兆隆，孙志平，张勇. 数控加工工艺与编程[M]. 北京：高等教育出版社，2019.
[2] 高素琴. 数控机床编程与加工[M]. 北京：化学工业出版社，2012.
[3] 孙学强. 机械制造基础[M]. 北京：机械工业出版社，2020.
[4] 黄云清. 公差配合与测量技术[M]. 北京：机械工业出版社，2019.
[5] 金璐玫，孙伟. 数控加工工艺与编程[M]. 上海：上海交通大学出版社，2014.
[6] 石从继. 数控加工工艺与编程[M]. 武汉：华中科技大学出版社，2022.
[7] 周保牛，刘江. 数控编程与加工技术[M]. 北京：机械工业出版社，2021.
[8] 韩鸿鸾. 数控车工：技师、高级技师[M]. 北京：机械工业出版社，2017.
[9] 张宁菊. 数控车削编程与加工[M]. 北京：机械工业出版社，2021.
[10] 程俊兰. 数控加工工艺与编程[M]. 北京：电子工业出版社，2018.
[11] 陈洪涛. 数控加工工艺与编程[M]. 北京：高等教育出版社，2021.
[12] 金星，魏秀琴，刘振超. “数控编程及零件加工”课程教学改革研究[J]. 时代汽车，2023（5）：79–81.
[13] 邹军.《数控加工工艺与编程》课程教学改革研究与实践[J]. 现代制造技术与装备，2018（10）：218–220.
[14] 倪春美. 高职院校“三教”改革的路径研究[J]. 常州信息职业技术学院学报，2021（6）：40–44.